"十三五"国家重点出版物出版规划项目

面向可持续发展的土建类工程教育丛书

土木工程制图基础

主　编　王广俊

参　编　赵莉香　王　宁　杨万理

机械工业出版社

本书按照土木工程专业大类的要求编写，满足应用型人才培养的需求，构建了加强基础训练的图形表达和图形思维平台。在教育部高等教育司 2019 年制定的《普通高等学校工程图学课程教学基本要求》以及近年来发布的制图国家标准的基础上，西南交通大学制图教研室教师总结教学改革成果并编写了本书。本书将画法几何、工程制图、计算机绘图、BIM 技术等内容有机结合起来，突出画法几何方法的实用训练，将画法几何中的投影原理与工程制图中的投影制图紧密结合，对传统的画法几何内容做了较大幅度的精简，突出其图示作用。本书共 8 章，主要内容包括绪论，制图基本知识和基本技能，投影法和点、直线、平面的投影，平面立体的投影，曲面和曲面立体的投影，组合体三视图，房屋建筑施工图，计算机绘图，BIM 技术简介。

本书可作为普通高等学校土木工程及相关专业的制图课程教材，也可作为从事土木工程建设的工程技术人员的参考书。

图书在版编目（CIP）数据

土木工程制图基础/王广俊主编 . —北京：机械工业出版社，2021. 12
（2024. 8 重印）

（面向可持续发展的土建类工程教育丛书）

"十三五"国家重点出版物出版规划项目

ISBN 978-7-111- 69585-1

Ⅰ.①土… Ⅱ.①王… Ⅲ.①土木工程—建筑制图—高等学校—教材
Ⅳ.①TU204

中国版本图书馆 CIP 数据核字（2021）第 236433 号

机械工业出版社（北京市百万庄大街 22 号 邮政编码 100037）
策划编辑：林 辉 责任编辑：林 辉
责任校对：潘 蕊 王明欣 封面设计：张 静
责任印制：郜 敏
中煤（北京）印务有限公司印刷
2024 年 8 月第 1 版 · 第 3 次印刷
184mm×260mm · 16 印张 · 392 千字
标准书号：ISBN 978-7-111-69585-1
定价：49. 80 元

电话服务   网络服务
客服电话:010-88361066   机 工 官 网：www.cmpbook.com
      010-88379833   机 工 官 博：weibo. com/cmp1952
      010-68326294   金 书 网：www. golden-book. com
封底无防伪标均为盗版   机工教育服务网：www. cmpedu. com

前　言

本书是配合西南交通大学土木工程国家级一流专业建设和工程制图国家级一流课程建设编写的教材。

在《高等学校土木工程本科指导性专业规范》（以下简称《专业规范》）中，土木工程专业是一个"大土木"的概念，涉及的技术领域有建筑工程、交通土建工程、水利水运设施工程、城镇建筑环境设施工程、防护工程、高速地面交通系统等，这些都属于广义的土木工程范围。本书按照"大土木"的要求编写，满足土木工程应用型人才培养的需求，体现了《专业规范》的思想。本书内容包括了《专业规范》中要求的知识体系和知识点，在编写过程中注意采用现行标准，体现时代特征，注重对读者创新意识和实践能力的培养。

本书在编写过程中参考了国内同类教材，也严格依照了教育部高等教育司制定的《普通高等学校工程图学课程教学基本要求》，以及近年来新发布的制图标准，并全面考虑了近年来教学发展的情况，总结了近几年的教学改革和教学建设经验，编写内容既考虑了符合培养土木工程专业人才的需求，又考虑了当前我国高等教育的实际。本书中的知识体系和知识点是土木工程制图课程的核心内容，也是最基本的内容。

本书将画法几何、工程制图、计算机绘图、BIM 技术等内容有机地结合起来，注重对读者能力的培养，在内容安排上改变把画法几何当作几何课来教的做法，从体的投影入手，强调投影分析，使投影原理与画图、读图更好地结合起来，以加强对读者几何抽象能力和应用能力的培养；在学生练习中改变单纯的作图题模式，增加投影分析、几何抽象、形象表达和创造思维类型的课后作业。

本书在教学内容、课程体系和编写风格上有以下几个特点：

1）内容上体现理论与应用相结合，以应用为主，精选了传统的工程制图内容，突出了投影理论为工程图样表达服务的作用，取消了综合性纯几何问题的分析，降低了立体相贯的难度，将投影理论与制图中的投影制图紧密结合，引入了计算机绘图和 BIM 技术。

2）为便于读者自学，本书行文深入浅出、语言流畅、图文并茂、通俗易懂。图文采用双色印刷，强调了重要概念和术语，凸显了图形中的主要图线或重要的绘图步骤。每章的开头都有导学，给出了本章的内容提示与基本要求，每章的结尾也给出了思考题，便于读者准确把握该章的重要内容。

3）在投影理论和正投影基本规律的介绍中，把空间几何元素的投影特性与立体的投影绘图融合在一起。在读者初步掌握了形体三面投影对应规律的基础上，分别阐述点、直线、平面等几何元素的投影对应规律及绘图方法，使读者经历从形体想象、空间几何思维到几何抽象的不断深入的思维训练，有效地加强了投影基础的理论学习。

4）注重对读者能力的培养。加强了立体的投影分析，按从基本平面立体、基本曲面立体、立体的截切相贯到组合体的顺序，由浅入深地分析立体的投影规律及绘图方法。在组合体三视图一章特别强调了形体分析法和线面分析法，使读者逐渐掌握分析问题、解决问题的正确方法。

5）在土木工程专业图部分，主要介绍专业图的表达特点，突出了对读者识图能力的培养。

6）计算机绘图和 BIM 技术部分主要介绍了 AutoCAD 绘制二维图形的方法、BIM 技术概况以及 Revit 软件操作方法。

本书由西南交通大学王广俊教授主编。参加编写工作的有西南交通大学王广俊（绪论、第 1~4 章、7 章）、赵莉香（第 5 章）、王宁（第 6 章）、杨万理（第 8 章）。图样的表达方法这部分内容由王宁编写。限于篇幅，图样的表达方法、附录中的课后作业、PPT 课件等可提供电子版，需要的教师可登录机械工业出版社教育服务网下载。书中标记★处，表示读者可扫描"重点授课视频二维码清单"中的二维码观看相应授课视频。

由于编者学术水平和能力有限，书中错误或不当之处在所难免，欢迎广大读者批评指正。

编　者

重点授课视频二维码清单

二维码名称	授课视频二维码	页码	二维码名称	授课视频二维码	页码
0-1 课程概述		1	1-9 尺寸界线		10
0-2 工程制图学习方法		2	1-10 尺寸线		10
1-1 工程图样的基本要求		4	1-11 尺寸起止符		11
1-2 制图标准		4	1-12 尺寸数字		11
1-3 图纸幅面		5	1-13 尺寸的排列与布置		11
1-4 字体		6	1-14 直径、半径的尺寸注法		12
1-5 比例		7	1-15 手工仪器绘图的一般方法		14
1-6 线型		8	1-16 绘图工具		14
1-7 线宽		8	1-17 徒手绘图		15
1-8 虚线和点画线的规格		9	1-18 用圆弧连接两相交直线		16

（续）

二维码名称	授课视频二维码	页码	二维码名称	授课视频二维码	页码
1-19 用圆弧顺向连接直线与圆弧		17	2-9 三面投影图的特性		27
1-20 用圆弧顺向连接两已知圆弧		17	2-10 点的两面投影		28
2-1 投影的形成与分类		20	2-11 点的三面投影		29
2-2 平行投影的基本性质		21	2-12 点的坐标与投影的关系		29
2-3 多面正投影法		24	2-13 根据点的两投影求第三投影		30
2-4 轴测投影法		24	2-14 两点的相对位置		30
2-5 标高投影法		24	2-15 重影点		30
2-6 透视投影法		24	2-16 直线的投影		32
2-7 两面投影图		25	2-17 投影面平行线		33
2-8 三面投影图		26	2-18 投影面垂直线		33

（续）

二维码名称	授课视频二维码	页码	二维码名称	授课视频二维码	页码
2-19 任意斜直线		34	2-29 任意斜平面		42
2-20 直线上的点		34	2-30 平面内的直线		42
2-21 两直线平行		35	2-31 平面内的投影面平行线		43
2-22 两直线相交		36	2-32 平面内的点		44
2-23 两直线交错		37	2-33 直线与平面相互平行		46
2-24 直角投影法则		37	2-34 平面与平面相互平行		46
2-25 平面投影的表示法		39	2-35 直线与平面相交		48
2-26 平面的投影		39	2-36 平面与平面相交		48
2-27 投影面平行面		40	2-37 辅助正投影的概念		50
2-28 投影面垂直面		41	2-38 点的辅助投影		51

（续）

（续）

二维码名称	授课视频二维码	页码	二维码名称	授课视频二维码	页码
4-4 曲面概述		80	4-14 平面截切圆锥-交线为两素线		90
4-5 曲面的表示方法		81	4-15 平面截切圆锥-交线为圆		90
4-6 圆柱的投影		85	4-16 平面截切圆锥-交线为椭圆		90
4-7 圆柱面上定点		86	4-17 平面截切圆锥-交线为抛物线		90
4-8 圆锥的投影		86	4-18 平面截切圆锥-交线为双曲线		90
4-9 曲面定点的素线法		87	4-19 平面截切球		92
4-10 曲面定点的纬圆法		87	4-20 平面体与曲面体相贯		93
4-11 球的投影及其表面定点		87	4-21 两曲面体或曲表面相交		94
4-12 曲面立体的截交线		87	4-22 两曲面体或曲表面相交的特殊情形		96
4-13 平面截切圆柱		88	4-23 位于或平行于坐标面的圆的轴测投影		97

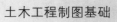
（续）

（续）

二维码名称	授课视频二维码	页码	二维码名称	授课视频二维码	页码
8-1 绘图环境、项目介绍		194	8-7 绘制窗		197
8-2 建立标高		194	8-8 绘制门		197
8-3 建立轴网		194	8-9 绘制地面及室外台阶		197
8-4 设置墙体		194	8-10 绘制屋顶		197
8-5 绘制墙体		194	8-11 绘制场地和配景		197
8-6 绘制柱子		194	8-12 渲染出图		197

目　录

绪　　论

1. 本课程的性质和任务*

图是生活、学习和工作中不可缺少的表达、交流、记录思想的重要工具之一。在许多情况下，用图较之文字、语言更能形象地描绘事物，生动地表达思想，且图具有较大的信息容量。各种工程建设都离不开工程图样。例如，在建筑工程中，任何建筑物及其构配件的形状、大小和做法，都不是单用文字叙述所能表达清楚的，首先要由设计部门根据使用要求进行设计，画出大量的设计图样，然后由施工单位根据图样进行施工。工程图样是工程设计、机械制造、科学研究中表达设计思想、指导生产的重要文件，被誉为"工程界的技术语言"。

"土木工程制图"课程主要介绍绘制和识读土木工程图样的理论和方法，包括投影理论、工程制图和计算机绘图等方面的内容。投影理论以空间物体与平面图形之间的关系为研究对象，研究空间物体转换为平面图形以及由平面图形构想出空间物体的理论和方法；工程制图以工程应用为背景，研究适用于工程设计、施工、制造以及科学研究的图示方法、标准；计算机绘图以现代计算机技术为手段，研究计算机图形生成、图形转换和图形管理的技术和方法。

近几年高速发展的智能建造技术给土木工程专业带来了新机遇，建筑信息模型（BIM）技术也给成图及制图技术带来了新的生长点。BIM 利用三维可视化技术将建筑物的三维模型建立在计算机中，包含了建筑物的各类几何信息（几何尺寸、标高等）与非几何信息（材料、采购、能耗、日照等），是一个建筑信息数据库。BIM 技术是一种应用于工程设计、建造管理的数据化工具，通过参数模型整合各种项目的相关信息，在项目策划、运行和维护的全寿命周期过程中进行共享和传递，使工程技术人员对各种建筑信息做出正确理解和高效应对，为设计团队以及包括建筑运营单位在内的各方建设主体提供协同工作的基础，在提高生产效率、节约成本和缩短工期方面发挥重要作用。

"土木工程制图"课程是培养绘制和识读工程图样基本能力的专业技术基础课。土木工程图样是土木工程建设中的重要技术文件，工程图样表达了有关工程建筑物的形状、构造、尺寸、工程数量以及各项技术要求和建造工艺，在设计和施工建造中起着记载、传达技术思想和指导生产实践的作用。作为工程技术人员，必须精通工程制图的原理，熟练掌握图形技术。

要使图样在工程技术界成为一种共同性的语言，在绘制图样时就必须遵循统一的规则，这些规则，一是投影理论，二是国家标准。本课程的教学目标就是帮助学生学习制图原理和方法，教会他们绘制工程图样的初步技术，培养绘制和识读工程图样的基本能力，为后续课程的学习和从事专业技术工作打下必要的基础。任课教师在教学过程中要有意识地培养学生的自学能力、创造能力、审美能力以及认真负责、严谨细致的工作作风。

本课程的主要任务是：

1) 使学生掌握投影（主要是正投影）的基本理论和绘图方法，即在二维平面上表达三维空间形体的方法（图示法）。

2）培养学生的空间想象能力及分析能力。本课程在培养和发展学生对三维形状和相关位置的空间逻辑思维和形象思维能力方面起着极其重要的作用。

3）培养学生严格遵守国家标准的工作作风，掌握有关制图标准的基本规定，熟悉并能适当地运用制图标准中的各种表达物体形状和大小的方法。

4）培养学生手工绘图的基本能力，包括徒手绘制草图的基本技能，正确使用绘图仪器和工具的绘图技巧，并具有一定的绘图速度。

5）培养学生使用计算机绘图的基本能力。

6）培养学生使用 BIM 技术软件的初步能力。

7）使学生熟悉有关专业工程图样的主要内容及其特点。

2. 本课程的学习方法★

本课程的学习目标是熟练运用投影的方法，将空间形体和几何问题转化为平面图形，借此来达到图示和图解的目的。因此，在学习过程中，除了掌握投影理论和绘图方法之外，还必须注意空间形体和几何问题与平面图形之间的内在联系。初学时，可参考书中各知识点所给的立体图或使用身边的物品模拟，帮助理解"空间与平面"的关系，逐步培养和发展空间想象能力和分析能力。

由于工程图样是一种通用的技术语言，所以绘图和识图都必须依据共同的原理和方法，遵守统一的规定。因此，国家以制图标准的形式颁布了制图方面的准则，这是绘图和识图都要遵守的共同章法。可以简单地说，有关绘图原理、方法的详细介绍和对统一准则的说明与贯彻，构成了本课程的基本内容，并贯穿于本书的始终。

随着科学技术的发展，图形技术有了长足的进步。从传统的手工绘图到现代的计算机绘图，图样的生成技术和图纸的制作工艺都发生了许多变化，但是绘图的基本原理没有改变，制图标准始终都要贯彻。特别是，图样的重要地位决定了它的严肃性，要求工程技术人员必须按照标准的规定办事，在绘图时不能随心所欲或漫不经心，识图时不能粗枝大叶。绘图时的任何差错或者识图时的错误理解，都有可能对工程实践造成严重的恶果。作为初学者从一开始就要用心养成严肃认真、耐心细致的工作作风和自觉遵守制图标准的良好素养。

"土木工程制图"课程是一门理论性、实践性都较强的专业技术基础课程。本课程在教学方式上的一个显著特点是突出强调它的实践性环节。学习方法必须针对课程本身的特点并与教学环节相适应，才能取得良好的学习效果。学习原理、理论当然是重要的，但更重要的环节还在于实际动手绘图和上机操作。因此，在学习过程中必须始终注意把投影理论和绘图、识图的实践紧密地结合起来，并在绘图、识图的实践中努力培养空间想象力和形体表达的能力，加强基本功训练。本课程中将用较多的时间去完成一系列的绘图作业和上机练习，以此来培养和提高绘图、识图的能力与技术。每个学习土木工程制图的人，都必须以极其认真的态度和严谨细致的工作作风去完成一定数量的绘图作业和练习。这是一切成功者的实践经验证明了的行之有效的学习途径。

本课程的内容由浅入深、环环相扣，如果对前面的概念理解不透，绘图方法掌握得不熟练，后面将会感到越学越困难。因此，在学习时必须注意稳扎稳打、循序渐进。在学习过程中，要先阅读章前的导读，弄清本章内容的基本概念、基本绘图方法及本章的基本要求。课堂学习、阅读教材和习题训练必须配合起来进行。只有通过做习题才能理解和掌握所学的基本理论，并且运用它去解决实际问题。解题时要认真审题，并且通过空间分析和思考，确定解题的方法和步骤。本课程还安排有一定数量的绘图大作业，每个习题和大作业的图形都需要按照制图标准的要求绘图，必须做到绘图正确、字体端正、图面整洁，在规定的时间内独立完成。

　　土建类各专业的学生在学习专业课之前，必须掌握本课程的基本内容，具有绘制和阅读图样的基本技能，为绘制和阅读专业图打好基础，否则将会给专业课的学习带来很大困难。但是，专业图所涉及的知识面很广，要在本课程内解决是不可能的。因此，绘制和阅读专业图的能力，只能在掌握本课程内容的基础上，通过专业课的学习继续培养和提高。

　　总之，在学习过程中要重视以下三个方面的问题：

　　1）重视基本理论的学习，掌握平行投影法中正投影法的特性，注意视图投影规律的对应关系。这对学好本课程具有决定性意义。

　　2）掌握立体上的线面分析和形体分析方法，提高投影分析能力和空间想象力，为培养解决绘图和识图中的问题的能力打下基础。

　　3）培养耐心、细致、严肃、认真的学风。注意结合实际，多看多画，在完成作业的过程中加深理解、消化理论知识，培养空间想象力。这是本门课区别于其他课程的重要方面。

第1章

制图基本知识和基本技能

本章导学　本章的主要内容有制图基本规则、绘图的一般方法和步骤、徒手绘图、几何作图等。这些知识是正确、整齐、美观、清晰、快速成图的基础，也是工程技术人员必备的基本功。通过本章的学习和习题作业的实践应获得一定的制图基础知识，初步掌握绘图的基本技能。

本章基本要求：

1) 了解制图标准中有关图幅、比例、图线、字体和尺寸标注的基本规定。
2) 通过绘图实践掌握仪器绘图的一般方法和步骤。
3) 掌握常用的几何作图方法，准确地绘制各种平面图形。

■ 1.1　制图国家标准的基本规定

1.1.1　制图标准*

工程图样是工程设计、施工的重要技术资料和依据，是工程技术人员传达技术思想的共同语言。图样上详尽、充分地描述了工程对象的形状、构造、尺寸、材料、技术工艺、工程数量等各项技术资料。国家有关部门对图样的画法、线型、图例以及尺寸标注等做了统一的规定，即国家制图标准。国家标准的代号为 GB。国家标准包括的内容很多，制图标准只是其中的一种。

除此以外，国家标准可能满足不了某些行业的特殊需要，所以这些行业还制定有部颁标准作为一种补充。例如，对于铁路工程制图有《铁路工程制图标准》（TB/T 10058），对于水利工程制图有《水利水电工程制图标准》（SL 73）等。就世界范围来说，为了促进各国间的技术交流与合作，国际标准化组织制定有国际标准，代号为 ISO。

制图标准的规定不是一成不变的。随着科学技术的发展和生产工艺的进步，过一段时间就要对制图标准进行必要的更新修改。我国的制图标准还要向国际标准靠拢。

本书主要依据的国家标准有技术制图系列国家标准⊖和有关建筑工程制图方面的标准

⊖　技术制图系列国家标准包括《技术制图　图纸幅面和格式》（GB/T 14689）、《技术制图　标题栏》（GB/T 10609.1）、《技术制图　明细栏》（GB/T 10609.2）、《技术制图　通用术语》（GB/T 13361）、《技术制图　投影法》（GB/T 14692）、《技术制图　比例》（GB/T 14690）、《技术制图　图线》（GB/T 17450）等。

《房屋建筑制图统一标准》（GB/T 50001）、《建筑制图标准》（GB/T 50104）等，对于各种专业工程图，将分别采用各自的行业制图标准。

1.1.2　图纸幅面*

绘制工程图应使用标准中规定的图纸幅面。《技术制图　图纸幅面和格式》（GB/T 14689）中规定的基本图纸幅面见表 1-1，表内使用的符号其意义如图 1-1 所示。图纸幅面即图纸的长边和短边确定的长方形图纸的大小。基本幅面短边与长边的比例是 $1:\sqrt{2}$。A0 号图纸的面积约为 $1m^2$，A1 号图纸是 A0 号图纸的对开，A2 号图纸是 A1 号图纸的对开，以此类推。图纸长边置于水平方向为横式，图纸短边置于水平方向为立式。绘图时必须在图纸上用粗实线画出图框线，图框线以内的区域是绘图的有效范围。图框格式分为留有装订边和不留装订边两种（图 1-1），在《房屋建筑制图统一标准》（GB/T 50001）中将立放图纸的装订边置于图纸的上方。不需要装订边的图纸其图框格式只需把图中 a、c 尺寸均换成表 1-1 中的 e 尺寸即可。

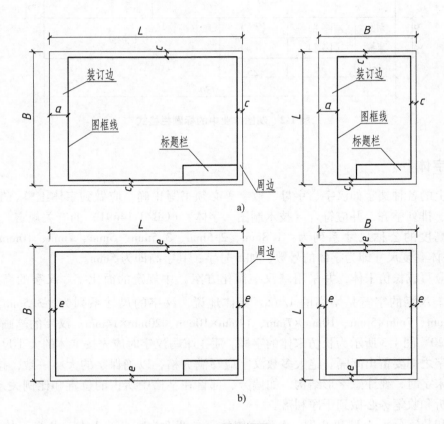

图 1-1　图纸幅面

a）留有装订边图纸幅面　b）不留装订边图纸幅面

表 1-1　图纸幅面尺寸 　　　　　　　　（单位：mm）

幅面代号	A0	A1	A2	A3	A4
$B×L$	841×1189	594×841	420×594	297×420	210×297
e	20		10		
c	10			5	
a	25				

在工程图纸上，必须填写的图名、图号、比例、设计人、审核人、日期、单位等内容要集中制成一个表，放在图纸的右下角，称为标题栏，也称图标，其具体的格式由绘图单位确定。制图作业中的标题栏可以按照图 1-2 所示的格式绘制，栏目中的图名使用 10 号字，字数多时可用 7 号字，校名使用 7 号字，其余汉字使用 5 号字。

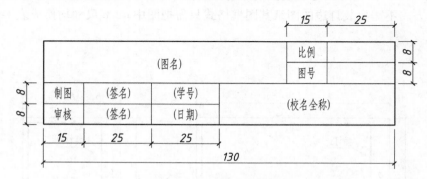

图 1-2　制图作业中的标题栏格式

1.1.3　字体*

图纸上的各种文字如汉字、字母、数字等必须书写正确，应做到字体工整、笔画清楚、间隔均匀、排列整齐，并应符合《技术制图　字体》（GB/T 14691）的有关规定。

字体高度的公称尺寸系列为：1.8mm、2.5mm、3.5mm、5mm、7mm、10mm、14mm、20mm。字体高度尺寸即为字体的号数，如 5 号字，其字高即为 5mm。

汉字应写成长仿宋体，并采用《汉字简化方案》中规定的简化字。汉字的高度不应小于 3.5mm。汉字的字宽是字高的 $1/\sqrt{2}$。具体地说，汉字的尺寸系列为：3.5mm×2.5mm、5mm×3.5mm、7mm×5mm、10mm×7mm、14mm×10mm、20mm×14mm。汉字的笔画粗度约为字高的 1/20。图 1-3 所示为长仿宋体的字样。手工书写汉字时应先按字体的大小尺寸打好格子，字与字之间要留出间隔。绝大多数汉字应写满方格，以确保字的大小一致，排列整齐。书写长仿宋字时，要注意字形结构，如偏旁、部首在字格中所占的位置和比例关系，起笔、落笔、转折和收笔务必做到干净利落。

字母和数字分为 A 型和 B 型，A 型字体的笔画宽度为字高的 1/14，B 型字体的笔画宽度为字高的 1/10。在同一张图上只允许选用一种形式的字体。字母和数字可写成斜体或直体。斜体字字头向右倾斜，与水平基准线成 75°。本书图例中字母和数字统一采用斜体，正文对应处也用斜体。图 1-4 所示为字母和数字的斜体字符字样。

14号字

图样是工程界的技术语言

10号字

字体工整 笔画清楚 间隔均匀 排列整齐

7号字

写仿宋字要领：横平竖直 注意起落 结构均匀 填满方格

5号字

正确熟练地掌握常用的绘图工具和仪器的使用方法是提高绘图质量和速度的重要保证

图1-3　长仿宋体的字样

ABCDEFGHIJKLMN

OPQRSTUVWXYZ

abcdefghijklmn

opqrstuvwxyz

0123456789

图1-4　斜体字符字样

1.1.4　绘图比例*

在土木工程制图中，多数情况下无法把图画成和实物一样大小，需将实物缩小才能在图纸上画得下。在其他专业制图中，有时也需将实物放大才能画清楚。画图时的这种缩放处理是按比例进行的。图样中图形与实物相应要素的线性尺寸之比称为图的比例。

比值小于1的比例称为缩小比例，写成如同1:2的样子，意思是说图上一个单位长代表实物的两个单位长；比值大于1的比例称为放大比例，写成如同2:1的样子，表示图上两个单位长对应于实物的一个单位长；比值等于 1 的比例称为原值比例，表示画图时未作缩放，写作 1∶1。

绘图所用的比例与图样的用途和实物的大小及其复杂程度有关。在手工绘图中，《技术制图 比例》（GB/T 14690）规定的常用缩小比例有 $1∶1×10^{n}$、$1∶2×10^{n}$、$1∶5×10^{n}$，n 为大于等于零的整数。如果这些比例不合用，必要时也允许从 $1∶1.5×10^{n}$、$1∶2.5×10^{n}$、$1∶3×10^{n}$、$1∶4×10^{n}$ 或 $1∶6×10^{n}$ 中选用。

一般情况下，一个图样应选用一种比例，并将比例注写在图名的右侧，比例数字的底边与图名的底边对齐，比例数字的字号应比图名的字号小一号，如图 1-5 所示。

底层平面图 *1∶100*

图 1-5　比例的注写

在某些工程图的绘制中，除注出绘图比例外，还需要画出相应的比例尺图形，用图形表明图上一个单位长代表实际的尺寸数字。

按比例画图，应使用刻有比例刻度的比例尺进行度量。常用的比例尺是三棱柱形的，俗称三棱尺。尺上有 6 种比例刻度，最常见的刻度是 1∶100、1∶200、1∶300、1∶400、1∶500 和 1∶600。每一尺面刻度实际上可以转换出一系列的比例尺。例如，在 1∶100 的尺面上，把刻度读数缩读 100 倍，就成了 1∶1 的比例尺；而把读数放大 10 倍来读，则成了 1∶1000 的比例尺。其余的尺面也都以此类推。

学习制图课不应回避比例尺的使用，画图时不要用计算器进行尺寸换算。

1.1.5　图线★

为了保证图样表达明确、主次分明，必须根据图样内容的不同选用不同形式和不同粗细的图线。土建制图中常用的线有粗实线、中粗实线、中实线、细实线、虚线、单点长画线、双点长画线、折断线和波浪线等。表 1-2 列出了图线的线型、线宽和用途。

表 1-2　图线

名称		线型	线宽	用　途
实线	粗		b	主要可见轮廓线
	中粗		$0.7b$	可见轮廓线、变更云线
	中		$0.5b$	可见轮廓线、尺寸线
	细		$0.25b$	图例填充线、家具线
虚线	粗		b	见各有关专业制图标准
	中粗		$0.7b$	不可见轮廓线
	中		$0.5b$	不可见轮廓线、图例线
	细		$0.25b$	图例填充线、家具线
单点长画线	粗		b	见各有关专业制图标准
	中		$0.5b$	见各有关专业制图标准
	细		$0.25b$	中心线、对称线、轴线等
双点长画线	粗		b	见各有关专业制图标准
	中		$0.5b$	见各有关专业制图标准
	细		$0.25b$	假想轮廓线、成型前原始轮廓线
折断线	细		$0.25b$	断开界线
波浪线	细		$0.25b$	断开界线

图线中不连续的独立部分叫线素。例如，点、长度不同的画和间隔都是线素。线素的不同组合形成了各种线型。画图使用的图线，需要符合制图标准中对线型的规定。

所有线型的图线宽度应按图样的类型和尺寸大小及图的复杂程度在下列数系中选择：

0.13mm，0.18mm，0.25mm，0.35mm，0.50mm，0.7mm，1mm，1.4mm，2mm

该数系的公比为 $1:\sqrt{2}$。

图1-6所示为建筑立面图线宽应用示例。选定了基本线宽 b 后，再在上述线宽数系中选择线宽组，其中地坪线为 $1.4b$。

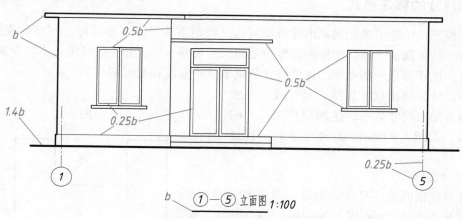

图1-6　建筑立面图线宽应用示例

粗实线、中实线和细实线的宽度比率为 $4:2:1$。在同一图样中，同类图线的宽度应一致。制图作业中的粗线可选用 $0.7\sim1$mm。

虚线由画和短间隔组成，单点长画线由长画、短间隔和点组成。在手工绘图作业中，各线素的长度建议按图1-7所示的尺寸范围掌握。

在绘制各种图线时应注意：

1）各种图线的浓淡要一致，不要误以为细线就是轻轻地画，细和轻是不同的概念。

2）单点长画线作为轴线或中心线使用时，两端应超出图形轮廓线 $3\sim5$mm。在单点长画线或双点长画线较短时，可用细实线代替，如图1-8a 所示。

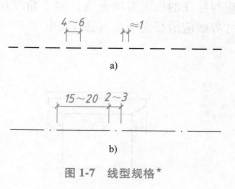

图1-7　线型规格*

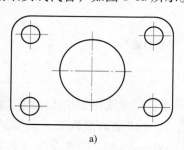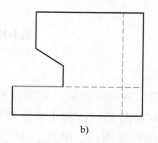

图1-8　单点长画线、虚线的使用要求

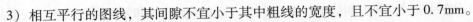

3）相互平行的图线，其间隙不宜小于其中粗线的宽度，且不宜小于 0.7mm。

4）虚线、单点长画线、双点长画线的线段长度和间隔，宜各自相等。

5）单点长画线或双点长画线的两端不应是点，单点长画线与单点长画线交接或单点长画线与其他图线交接时应是线段交接。

6）虚线与虚线交接或虚线与其他图线交接时应是线段交接，虚线位于实线的延长线时不得与实线连接，要留出一点空隙，如图 1-8b 所示。

1.1.6 尺寸的标注形式

在工程图样中除了按比例画出建筑物或构筑物的形状外，还必须标注完整的实际尺寸，以作为施工的依据。下面介绍制图标准中常用尺寸的基本形式和一般规定。不同专业的工程图其尺寸注法还存在一些差异，这些将在后续章节中陆续补充说明。

标注尺寸要画出尺寸界线、尺寸线、尺寸起止符号并填写尺寸数字，这四项称为尺寸的四个要素，如图 1-9 所示。标注尺寸的一般规定如下：

1. 尺寸界线

尺寸界线指明拟注尺寸的边界，用细实线绘制，引出端留有 2mm 以上的间隔，另一端则超出尺寸线 2~3mm。必要时，图形的轮廓线、轴线、中心线都可作为尺寸界线使用（图 1-10a）。对于长度尺寸，一般情况下尺寸界线应与标注的长度方向垂直；对于角度尺寸，尺寸界线应沿径向引出（图 1-10b）。

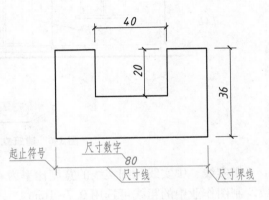

图 1-9 尺寸的组成

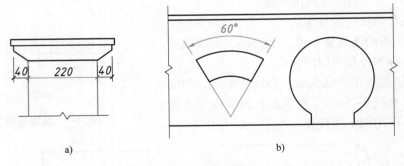

a)   b)

图 1-10 尺寸界线*

2. 尺寸线*

尺寸线画在两尺寸界线之间，用来注写尺寸。尺寸线用细实线绘制。对于长度尺寸，尺寸线应与被注长度方向平行；对于角度尺寸，尺寸线应画成圆弧，圆弧的圆心是该角的顶点（图 1-10b）。图形轮廓线、轴线、中心线、另一尺寸的尺寸界线（包括它们的延长线）都不能作为尺寸线使用。

3. 尺寸起止符号★

尺寸线的两端与尺寸界线交接，交点处应画出尺寸起止符号。对于长度尺寸，在建筑工程图上起止符号是用中粗线绘制的短斜线，其倾斜方向应与尺寸界线成顺时针45°角，长度宜为2~3mm。

4. 尺寸数字★

图上标注的尺寸数字，表示物体的真实大小，与画图用的比例无关。尺寸的单位，对于线性尺寸除标高及总平面图以米为单位外，其余均为 mm，并且在数字后面不写尺寸单位。在某些专业工程图上也有用 cm 为单位的，这种图通常要在附注中加以声明。

为使数字清晰可见，任何图线不得穿过数字，必要时可将其他图线断开，空出注写尺寸数字的区域（图1-11）。

尺寸数字的字头方向称为读数方向。水平尺寸数字写在尺寸线上方，字头向上；竖直尺寸数字写在尺寸线的左侧，字头向左；倾斜尺寸的数字应写在尺寸线的向上一

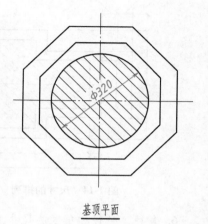

基顶平面

图1-11　写数字处其他图线断开

侧，字头有向上的趋势，如图1-12a 所示。尺寸线的倾斜方向若位于图中所示的30°阴影区内，尺寸数字宜用图1-12b 的形式注写。

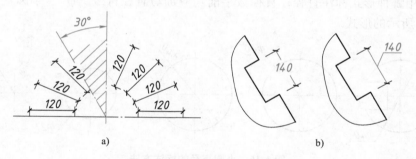

a)　　　　　　　　　　　　　b)

图1-12　尺寸数字的注写方向

线性尺寸的尺寸数字一般应顺着尺寸线的方向排列，并依据读数方向写在靠近尺寸线的上方中部。如遇没有足够的位置注写数字时，数字可以写在尺寸界线的外侧。在连续出现小尺寸时，中间相邻的尺寸数字可错开注写，也可引出注写，如图1-13 所示。

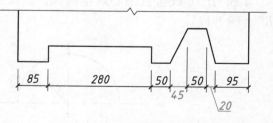

图1-13　尺寸数字的注写位置

5. 尺寸的排列与布置★

布置尺寸应整齐、清晰，便于阅读。为此，尺寸应尽量注在图形轮廓线以外，不宜与图线、文字及符号等相交（图1-14）。对于互相平行的尺寸线，应从被标注的图形轮廓线起由

近向远整齐排列，小尺寸靠内，大尺寸靠外。在建筑工程图上，内排尺寸距离图形轮廓线不宜小于 10mm，平行排列的尺寸线之间，宜保持 7~10mm 的距离。

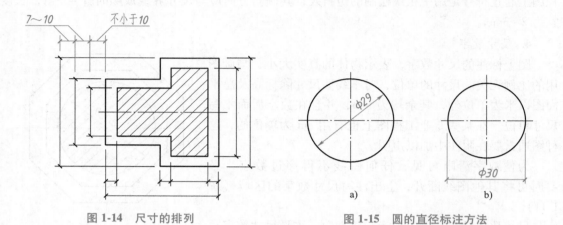

图 1-14　尺寸的排列　　　　　图 1-15　圆的直径标注方法

6. 直径、半径和角度的尺寸注法★

圆的直径尺寸可注在圆内（图 1-15a），也可注在圆外（图 1-15b）。注在圆内时尺寸线应通过圆心，方向倾斜，两端用箭头作为起止符号，箭头指着圆周。箭头应画的细而长，长度为 3~5mm。引到圆外按长度形式标注时应加画尺寸界线，尺寸线上的起止符号仍为 45°短画线。无论用哪种形式标注直径，直径数字前均应加写直径符号"ϕ"。小圆直径的注法可采用图 1-16 所示的形式。

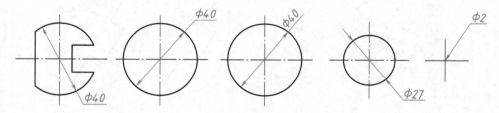

图 1-16　小圆直径的标注方法

半径的尺寸线应自圆心画至圆弧，圆弧一端画上箭头，半径数字前面加写半径符号"R"（图 1-17）。

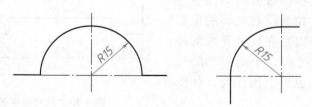

图 1-17　半径标注方法

较小半径的圆弧可用图 1-18 所示的形式标注。当圆弧的半径很大时，其尺寸线允许画成折线，或者只画指着圆周的一段，但其方向仍须对准圆心，箭头仍旧指着圆弧，如图 1-19

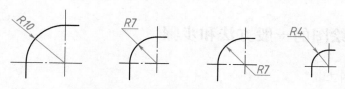

图1-18　小圆弧半径的标注方法

所示。

　　角度的尺寸线应以弧线表示，弧线的圆心应是该角的顶点，角的两条边为尺寸界线。角度尺寸的起止符号以箭头表示，角度数字水平方向排列，如图1-20所示。

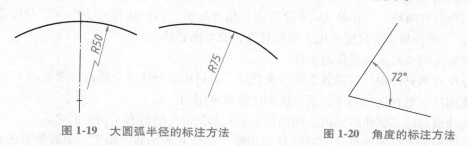

图1-19　大圆弧半径的标注方法　　　　　　图1-20　角度的标注方法

7. 几种典型的尺寸错误标注方法

　　图1-21给出了初学者容易出现的几种尺寸错误注法，请读者根据前面所述的尺寸标注要求辨认一下每种标注错在哪里。

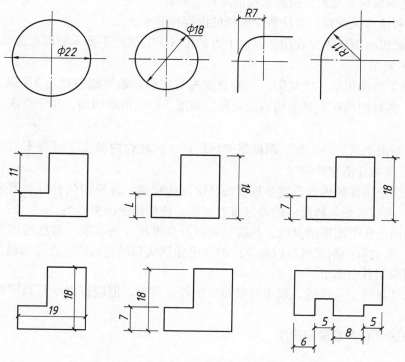

图1-21　尺寸错误标注方法示例

■ 1.2 仪器绘图的一般方法和步骤

1. 常用的绘图工具★

常用的绘图工具有图板、丁字尺、三角板、圆规、分规、比例尺、曲线板、绘图铅笔等。

1）图板用来铺放图纸，其左边为工作边。

2）丁字尺是由尺头和尺身组成的 T 形尺子，绘图时尺头靠在图板的工作边上，沿尺身的上边缘画水平线。

3）三角板有两块，一块是 45°等腰直角三角形的板，另一块是有 30°、60°角的直角三角形的板，三角板与丁字尺配合用来画竖直线，或者画斜线。

4）圆规是用来画圆和圆弧的工具。

5）分规有两只针脚，用来截量线段的长度，也可用试分法等分线段和圆弧。

6）比例尺上刻有比例刻度，是按比例度量长度用的。

7）曲线板是画非圆曲线用的，曲线板上不同部位的曲线具有不同的曲率。

8）绘图铅笔上有硬度符号，字母 H 表示硬，字母 B 表示软。铅笔的削磨是否正确，直接影响着画出的图线是否清晰、匀整。

2. 准备工作

1）准备好绘图所用的图纸和各种工具、仪器，并用清洁的抹布将用具和图板擦拭干净。绘图铅笔的数量要充足，按要求提前削好、磨好。

2）详细阅读有关资料，弄清所绘图样的内容和要求。

3）用胶带纸将图纸固定在图板靠左下方的位置上，纸边不要紧贴图板边缘。

3. 画铅笔底稿

手工绘制工程图很难一次成图，一般总要先打底稿。铅笔底稿是用 2H 或 3H 等较硬的铅笔画出的，各种图线在底稿上均画的很轻、很细，但应清晰明确，易于辨认。画底稿的一般顺序是：

1）首先画出图纸的外边框、图框线和标题栏，标题栏内的文字可暂不书写，但应按字号要求打好写字的方格和导线。

2）根据所绘图样的内容及复杂程度选择绘图的比例，并根据包容每个图形的最大方框和标注尺寸、书写视图名称所需的地方布置图面，使整幅图疏密得当。

3）分别画出各个图形的基线，基线是画图及度量尺寸的基准。对称的图形以轴线或中心线为基线，非对称的图形可以以最下边的水平轮廓线和最左边的竖直轮廓线为基线。

4）分别绘制各个图形。

5）画尺寸界线、尺寸线，起止符号和数字暂且空着，但应打出填写数字的导线和书写汉字的方格。

6）仔细检查有无差错和遗漏。

4. 描黑

1）用 HB 铅笔描粗实线和虚线，用 H 铅笔描点画线和细实线。描黑圆弧时应该使用更软一些的铅芯。

2）描黑的次序大致是先上后下、先左后右、先曲后直、先粗后细。画线的运笔速度要平稳，用力要均匀，以保证同一条线粗细一致，全图深浅统一。要特别强调：细和轻是两个不同的概念，细实线固然很细，但绝非"轻"线、"淡"线，所以对细实线也要用力地描黑。尺寸线、尺寸界线都是图的有效成分，不应该只留下轻轻的底子，似有似无，而一定要把它们加深描黑。

3）描黑后用粗细适当的 HB 铅笔清楚地填写尺寸数字，书写文字说明，包括标题栏内的文字。

5. 复制

原图需要经过复制，才能分发到各个使用部门。传统的复制方法是晒蓝图，即用透明的描图纸罩在铅笔图上，用专门的用具和墨水将图再描一道，然后在晒图机上晒出蓝图。新的复制方法是使用工程图复印机复印图纸。

■ 1.3　徒手绘图*

工程技术人员应具备徒手绘图技能，以便能迅速表达构思、现场测绘、实时记录及进行技术交流等。不借助绘图工具，以目测估计图形与实物的比例，按一定画法要求徒手绘制的图称为草图，徒手绘图是一种快速勾画图稿的技术。

在日常生活和工作中，徒手绘图的机会很多。工程上设计师构思一个建筑物或产品，工程师测绘一个工程物体，都会用到徒手绘图的技能。在计算机绘图技术发展迅速的今天，要用计算机成图也需要先徒手勾画出图稿。由此可见，徒手绘图是一项重要的绘图技术。

草图决不意味着是潦草的图，除比例一项外，其余必须遵守制图标准规定，要做到图形清晰无误、线型基本分明、比例匀称、字体端正、图面整洁。徒手绘图时可以不固定图纸，也不使用尺子截量距离，画线靠徒手，定位靠目测。

初学者练习画草图可以在印好方格的草图纸上进行，印好的格线可以作为视觉上的参考。握笔及画线的手势如图 1-22 所示。握笔应稳而有力。画直线时先定好两个端点的位置，应眼视终点，手腕靠纸面，沿画线方向移动。无论在哪个方向上画直线，都可将图纸转动，使之处于最顺手的方向。画短线时，常以手腕运笔；画长线时，则以手臂动作。

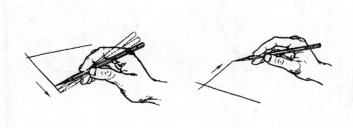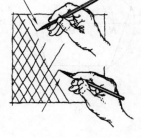

图 1-22　徒手画直线

画圆曲线时可凭目测先定出它们上面的一些点，然后逐点连成光顺的曲线，也可以运用一些小技巧，如图 1-23 所示。

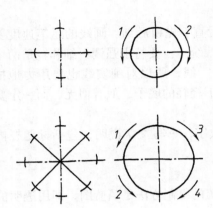
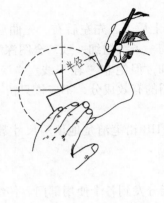

图1-23　徒手画圆

画平面图形（视图）时，除按上述方法画线外，更要注意保持形体各部分的尺寸比例和投影关系。因此在开始画图时，一定要仔细确定形体的长、宽、高的相对比例，在画某个局部和细节时，要随时与已拟定的总体尺寸比例进行比较并协调一致。

■ 1.4　几何作图

利用绘图工具进行几何作图，这是绘制各种平面图形的基础，也是绘制工程图样的基础。下面介绍一些常用的几何作图方法。

1. 根据外接圆画正多边形

（1）画正五边形　如图1-24a所示，以 OB 半径的中点 M 为圆心、MA 为半径作圆弧交 ON 于 N，线段 AN 即为正五边形的边长。

（2）画正六边形

作图一：用丁字尺和三角板作图，如图1-24b所示。

作图二：用圆规、直尺作图，如图1-24c所示。

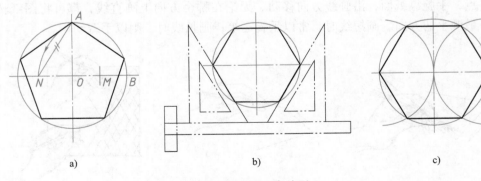

图1-24　画正多边形

2. 用圆弧连接两相交直线★

如图1-25所示，设有相交直线 ab 与 bc，已知连接圆弧的半径 R，连接的作图方法如下：

1）作与 ab、bc 平行且相距为 R 的两条辅助直线，它们相交得 O 点。

2）过 O 作 ab、bc 的垂线，得切点 d、e。

3）以 O 为圆心，以 R 为半径画弧 de，即为连接圆弧。

3. 用圆弧顺向连接直线与圆弧★

如图1-26所示，设已知直线 ab 和半径为 R_1 的圆 O_1，并知连接圆弧的半径 R，连接的作图方法如下：

1）作与 ab 相距为 R 的平行线。

2）以 O_1 为圆心，以 $R-R_1$ 的长度为半径作弧，弧与平行线相交得 O。

3）过 O 向 ab 作垂线，得切点 c，连 OO_1 并延长得切点 d。

4）以 O 为圆心，以 R 为半径画弧 dc，即为连接圆弧。

在第2）步中，若以 $R+R_1$ 的长度为半径画弧与平行线相交，则可得反向连接的圆弧中心。

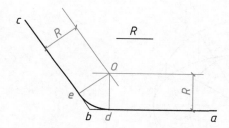

图1-25　用圆弧连接两直线

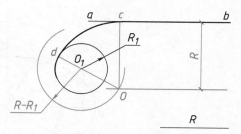

图1-26　用圆弧顺向连接直线与圆弧

4. 用圆弧顺向连接两已知圆弧★

如图1-27a所示，设已知半径为 R_1 和 R_2 的两圆弧 O_1、O_2，并知连接圆弧的半径 R，连接的作图方法如下：

1）分别以 O_1、O_2 为圆心，以 $R-R_1$、$R-R_2$ 为半径画两圆弧，它们相交得连接圆弧的圆心 O。

2）连直线 OO_1、OO_2，交已知圆弧得切点 a、b。

3）以 O 为圆心，以 R 为半径画弧 ab，即为连接圆弧。

仿此也可推演出反向连接的作图方法（图1-27b）。

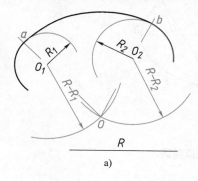

a)

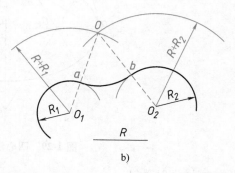

b)

图1-27　用圆弧连接两圆弧

5. 根据长短轴画椭圆

方法一：求出属于椭圆上的一些点，然后用曲线板光顺连接起来，如图 1-28 所示。

1）以长、短轴为直径作两同心圆。

2）过圆心作径向辐射线与大、小圆相交。

3）过与大圆的交点作线平行于短轴，过与小圆的交点作线平行于长轴，两线的交点为椭圆上的点。

方法二：用四段圆弧拼接一个近似的椭圆，如图 1-29 所示。

1）连接长、短轴端点得 ac，在短轴线上量 $Oe=Oa$，在 ac 上量 $cf=ce$。

2）作 af 的中垂线，中垂线交长轴和短轴于 O_1、O_2，定出它们的对称点 O_3、O_4，共得四个圆心。

3）以 O_1a 为半径可画出弧 21 和 43，以 O_2c 为半径可画出弧 14 和弧 32。

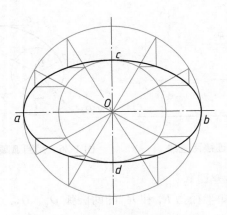

图 1-28　同心圆法求点作椭圆

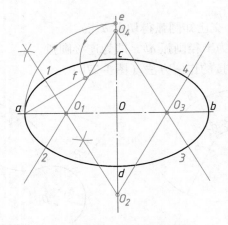

图 1-29　四心法作近似椭圆

6. 几何连接作图举例

已知图 1-30a 所示图形，要求按图上所注尺寸和几何关系正确画出此图形。

　　根据已知尺寸可直接画出两端的圆弧和一条与圆弧相切的直线，如图 1-30b 所示。在此基础上按照连接关系求出各连接圆弧的圆心和切点，画出各段连接圆弧（图 1-30c），经过修饰最后得到所要求的图形。

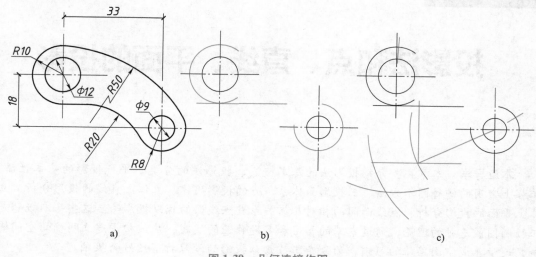

图 1-30　几何连接作图

思 考 题

1. 在土木工程制图中主要使用什么制图标准？

2. 图纸的基本幅面有几种？

3. 制图标准中字体号数的含义是什么？

4. 什么是绘图比例？

5. 图样上标注的尺寸与绘图比例有无关系？

6. 不同专业工程图样的尺寸注法是一样的吗？

7. 尺寸的 4 个要素是什么？

8. 图形中的其他图线可以代替尺寸界线吗？

9. 平行排列的多排尺寸应该如何注写？

10. 直径、半径和角度尺寸的尺寸起止符号是什么？

11. 仪器绘图的工具有哪些？

12. 仪器绘图的步骤是什么？

13. 徒手画草图有什么要求？

第2章

投影法和点、直线、平面的投影

本章导学　本章主要介绍投影法的基本概念、投影法的分类、平行投影的基本性质、工程上常用的四种图示方法、三投影面体系、点的投影规律、立体上直线的投影分析、立体上平面的投影分析、点线面间的相对几何关系及点线面的辅助投影等。这些基本概念是工程制图最基础的理论，通过本章的学习和习题作业的实践，应该初步建立明确的空间概念，逐步养成空间思维的习惯，为复杂工程形体投影的学习打下良好的基础。

本章基本要求：

1）了解投影的概念和分类，了解工程上常用的图示方法。

2）掌握三面投影的投影关系。

3）掌握点的投影规律以及点的投影与直角坐标的关系，能根据投影图判定两点的相对位置。

4）掌握与投影面成各种倾斜状态直线和平面的投影特性。

5）掌握两直线平行、相交和交错的投影特性。

6）掌握一边平行于投影面的直角的投影特性。

7）掌握点、线、面间的相对几何关系及其作图方法。

8）掌握点、直线、平面辅助投影的作法。

■ 2.1　投影及投影法

2.1.1　投影法概述

1. 投影的形成与分类★

把空间形体表示在平面上，是以投影法为基础的。在图2-1中，有平面 P 以及不在该平面上的一点 S，需作出点 A 在平面 P 上的图像。将 S、A 连成直线，作出 SA 与平面 P 的交点 a，即为点 A 的图像。平面 P 称为投影面，点 S 称为投射中心，直线 SA 称为投射线，点 a 称为点 A 的投影。这种通过投射线把物体投射到投影面上产生投影

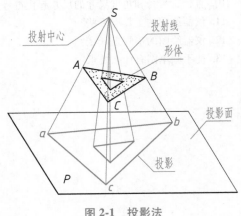

图 2-1　投影法

的方法称为投影法。

投影法分为中心投影法和平行投影法两类。

（1）中心投影法 当投射中心 S 在有限远时，投射线都相交于点 S，如图 2-1 所示。这种由投射中心把形体投射到投影面上而得出其投影的方法称为中心投影法，所得的投影称为中心投影。人的单眼视觉、电影、照相等都是中心投影法的实例。

（2）平行投影法 当投射中心移到无穷远时，所有的投射线都互相平行，此时得到的投影称为平行投影，这样的投影方法称为平行投影法，如图 2-2 所示。投射线的方向称为投射方向。

根据投射方向的不同，平行投影法又分为两种：投射方向倾斜于投影面时称为斜投影法，如图 2-2a 所示；投射方向垂直于投影面时称为正投影法，所得的投影称为正投影，如图 2-2b 所示。使用正投影法绘图简便，度量性好。本书主要介绍正投影法，为了简便起见，常把"正投影"一词简称为"投影"，本书后面所用投影一词，如无特别指明，都是指正投影。

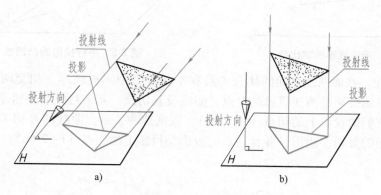

图 2-2 平行投影法
a）斜投影法 b）正投影法

2. 平行投影的基本性质★

画形体的投影图，实质上就是画出形体各个表面及每条轮廓线的投影。因此，熟悉几何元素的平行投影特性，是画形体投影图的基础。

平面图形非退化的平行投影，其形状是原图形的相仿形，这种在平行投影中保持不变的性质称为图形的相仿性。在相仿形中主要有如下一些相仿性质：

（1）平行性 在平行投影中互相平行的直线其同面投影保持平行关系不变，这一性质称为平行性。如图 2-3 所示，$AB /\!/ CD$，则面 $ABba /\!/$ 面 $CDdc$，此两平面与投影面 H 的交线 ab、cd 必互相平行。

（2）定比性 在平行投影中线段间的长度比例关系其同面投影上保持不变，即一直线上两线段长度之比或两平行线段的长度之比在其投影上仍保持比值不变。这一性质称为定比性。

如图 2-4 所示，直线线段 AB 上的点 C 分割 AB 成两

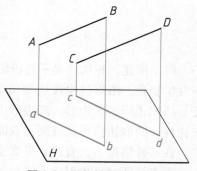

图 2-3 平行投影的平行性

段，由于过各点的投射线互相平行，故 $AC : CB = ac : cb$。

又如图 2-3 所示，空间两平行线段 AB、CD 的长度之比，等于这两线段在同一投影面上的投影长度之比，即 $AB : CD = ab : cd$。

（3）凸凹性　平面图形的平行投影不改变其凸凹特征，即凸多边形的平行投影仍是凸多边形，凹多边形的平行投影仍是凹多边形，如图 2-5 所示。

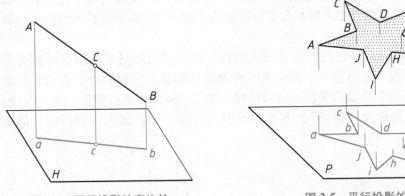

图 2-4　平行投影的定比性　　　　　图 2-5　平行投影的凸凹性

（4）接合性　共面两线之间的接合关系在平行投影中不被破坏。相交两线的投影仍然相交，两线交点的投影是两线投影的交点；曲线及其切线，其平行投影仍然保持相切，并且切点的投影是它们的投影上的切点（图 2-6a）。根据这种关系，曲线的外切多边形，其平行投影是曲线投影的外切多边形，并且切点的投影是投影上的切点（图 2-6b）。

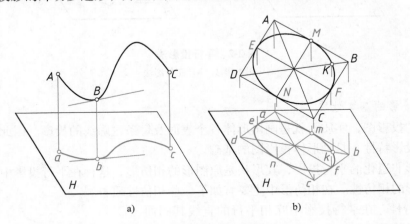

a)　　　　　　　　　　b)

图 2-6　平行投影的接合性

综上所述，相仿性是平行投影特有的普遍性质，相仿形是具有相仿性的图形。如果投影不发生积聚，图形被投影成相仿形是平行投影的一般规律。平面多边形的相仿形是边数不变、凸凹相同的多边形，多边形中如果有平行边，则其相仿形中也有对应的平行边，且符合定比性；圆的相仿形是椭圆；双曲线的相仿形仍是双曲线；抛物线的相仿形仍是抛物线。

在特殊情形下，直线、平面或某些曲面的投影发生聚合的现象，即投影的积聚性。

当直线通过了投射中心或与投射方向一致时，其投影积聚成一点。如图 2-7a 所示，直

线 *AB* 在投影面上的投影重合成一点，此点即为 *AB* 上所有点的积聚投影。

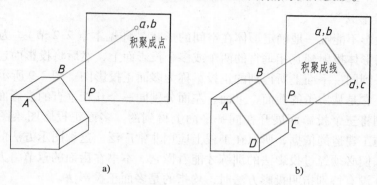

图 2-7 投影的积聚性

当平面图形通过了投射中心或平行于投射方向时，其投影积聚成一条直线。如图 2-7b 所示，平面 *ABCD* 平行于投射方向，过平面上所有点的投射线都将在平面 *ABCD* 内，它们与投影面的交点将集合为一条直线，该直线即平面的积聚投影，平面上所有点的投影都积聚在此直线上。

有的曲面在一定条件下其投影也具有积聚性。

在另一种特殊情形下，当直线平行于投影面时，则其平行投影将反映线段的实长；当平面图形平行于投影面时，则其上的所有线段都将平行于投影面，因此整个图形的平行投影将反映原图形的真实形状和大小，称之为原图形的实形。实形是相仿形的特殊情形，投影反映实形是图形平行于投影面这一特殊条件下的产物，不是普遍规律。在图 2-8a 中，线 *AB* // *P* 平面，则 *ABba* 为平行四边形，故 *ab* = *AB*。在图 2-8b 中，多边形 *ABCDEF* // *P* 平面，则它与 *abcdef* 对应边平行且相等，故两多边形全等。

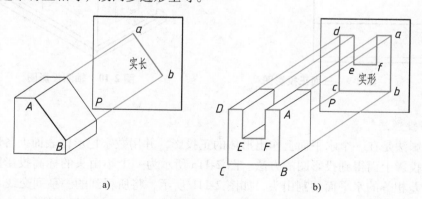

图 2-8 特殊情况下平行投影的实形性

2.1.2 工程上常用的四种图示方法

为了满足工程设计施工中形体表达的需要，根据所表达的对象（如建筑物、机器、地形等）不同、表达的目的不同，可采用不同的投影法得到不同的投影图。工程中常用的图示方法有：多面正投影法、轴测投影法、标高投影法和透视投影法。

1. 多面正投影法★

只凭一个投影不能唯一地确定形体在空间的形状（详见本章2.2节）。为了完全确定形体的形状，可将形体投射到互相垂直的两个或多个投影面上，然后将投影面连同它上面的投影一起展开铺平到同一平面上所得到的正投影称为多面正投影图。图2-9所示为一个房子的三面正投影图，它是从房子的前面、上面、左面分别向三个互相垂直的投影面作正投影，然后按一定的规则将三个投影面展开在同一平面上得到的。多面正投影图绘图简便，度量性好，适于作为施工建造的依据，所以在工程上应用非常广泛。这种图示方法的缺点是图形的直观性较差，人们必须经过投影法的训练才能看懂它。本书在后面的章节将大量讨论这种图示方法。以后在没有特别指明投影方法时，均指的是多面正投影法。

2. 轴测投影法★

轴测投影法是一种平行投影法，得到的轴测投影图如图2-10所示。这一方法是将空间形体连同确定该形体位置的直角坐标系一起沿不平行于任一坐标面的方向平行地投射到一个投影面上，从而得出其投影的方法。轴测投影图（简称轴测图）的特点是在一个图形上能同时表达出物体的长、宽、高三个方向，直观性强，在一定条件下也能直接度量。它的缺点是作图比较费时，表面形状有变形，工程上多用来作为多面正投影图的辅助性图样。

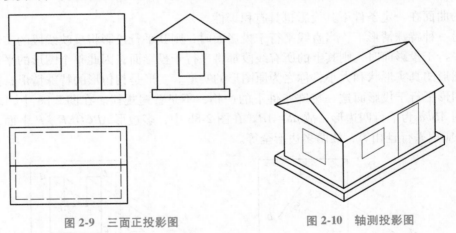

图2-9　三面正投影图　　　　　　　　　　图2-10　轴测投影图

3. 标高投影法★

标高投影法是在一个水平面上作出形体的正投影，并用数字把形体表面上各部分的高度标注在该正投影上而得到投影图的方法。图2-11a所示为一个小山头的标高投影图，它是假想用一组高差相等的水平面切割山头，如图2-11b所示，将所得到的一系列交线（称为等高线）垂直地投射在水平面 H 上，并用数字标出这些等高线的标高而得到的。

4. 透视投影法★

透视投影法属于中心投影法。图2-12所示为某建筑物的透视投影图。这种图的优点是富有立体感和真实感，形象逼真，与人们日常观看景物时所得到的影像基本一致，它特别适合于画建筑物外貌和内部陈设的直观效果图。这一方法的缺点是绘图繁杂费时，不易度量。

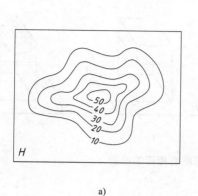

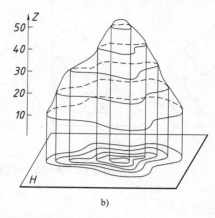

a)　　　　　　　　　　　　　　　b)

图 2-11　标高投影图

图 2-12　透视投影图

■ 2.2　三投影面体系及点的三面投影图

2.2.1　三投影面体系的形成

1. 单个投影不可逆★

如图 2-13 所示，在投射方向、投影面都确定的情况下，点 A 有唯一确定的投影 a。但反过来，仅仅根据一个 a 投影，无法还原出原来的点 A 是在投射线的什么位置。对于形体，一些不同形状的形体可能会有相同的投影。所以，只有一个投影而无其他附加条件，就无法确定形体的实际形状，如图 2-14 所示。

因此，工程中常采用形体在两个或三个互相垂直的投影面上的投影来表达形体。

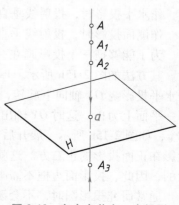

图 2-13　多个点共有一个投影

25

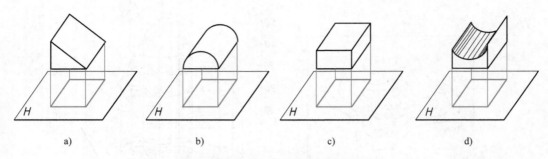

图 2-14　不同的形体可能有相同的投影

2. 三面投影图★

为了得到形体的三面投影，并建立三面投影的相互关系，可设立三个互相垂直的投影面：水平投影面 H（简称 H 面）、正立投影面 V（简称 V 面）、侧立投影面 W（简称 W 面），如图 2-15a 所示。这三个投影面常称为基本投影面。两投影面之间的交线称为投影轴：H 面、V 面交线为 OX 轴；H 面、W 面交线为 OY 轴；V 面、W 面交线为 OZ 轴。三投影轴交于一点 O 为原点。

三投影轴两两互相垂直，它们交于一点 O。O-XYZ 可以构成一个空间直角坐标系。

H 面、V 面、W 面是无限大的，它们把空间分成八个区域，称为八个卦角，其中 H 面之上、V 面之前、W 面之左为第一卦角。在《技术制图　图样画法　视图》（GB/T 17451）标准中规定，工程图样应采用正投影法绘制，并采用第一角画法，即将物体放在第一卦角中，如图 2-15a 所示，然后分别向 V 面、H 面、W 面投射得到三面投影图。在绘制物体的三面投影时，物体始终处在观察者和投影面之间。

形体在 H 面、V 面、W 面三个投影面上的投影分别称为水平投影、正面投影和侧面投影。

绘制形体的投影时，把形体放在三个投影面之间的空间，并尽可能使形体的主要特征面平行于或垂直于相应的投影面，以便使其投影尽可能多地反映形体表面的实形和外形轮廓，如图 2-15a 所示。绘图时，把投射线看作视线，看得见的物体轮廓线画粗实线，看不见的物体轮廓线画虚线。

作正面投影时，投射线垂直正立面，由前向后作投射。

作水平投影时，投射线垂直水平面，由上向下作投射。

作侧面投影时，投射线垂直侧立面，由左向右作投射。

为了能够把三个投影画在一张图纸上，就需把三个投影面按一定规则展开到一个平面上。其方法如图 2-15b 所示，V 面不动，将 H 面和 W 面沿 OY 轴分开，然后，H 面连同其上的水平投影绕 OX 轴向下旋转，W 面连同其上的侧面投影绕 OZ 轴向右旋转，直到与 V 面在同一平面上为止。这时 OY 轴出现了两次，跟随 H 面的一条标以 OY_H，跟随 W 面的一条标以 OY_W，如图 2-15c 所示。展开后，正面投影在左上方，水平投影在正面投影的正下方，侧面投影在正面投影的正右方。这就是形体的三面投影图，如图 2-15d 所示，由于投影面是无限大的，因此，投影面边框不需画出。

通常研究投影图时，不会涉及形体与投影面距离远近的问题，即投影轴也可省略不画，但其方向是默认的，这种图称为无轴投影图（图 2-15e）。

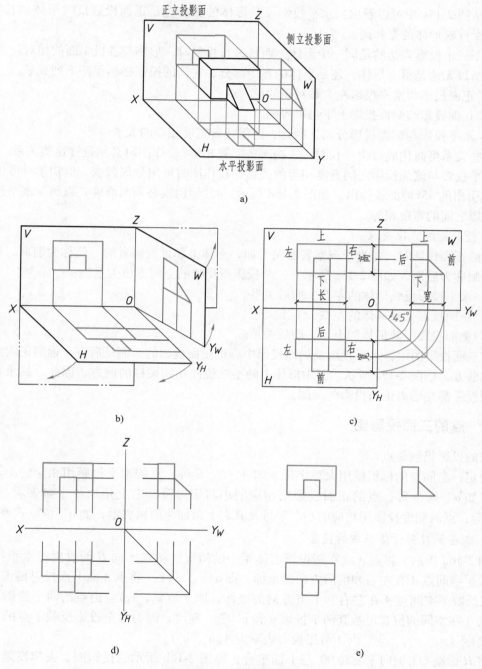

图 2-15　三面投影图的形成

2.2.2　三面投影图的特性*

1. 投影图的度量关系

形体沿 OX 轴方向的尺寸称为长，沿 OY 轴方向的尺寸称为宽，沿 OZ 轴方向的尺寸称

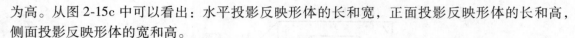

为高。从图 2-15c 中可以看出：水平投影反映形体的长和宽，正面投影反映形体的长和高，侧面投影反映形体的宽和高。

由于三个投影表达的是同一个形体，而且进行投射时，形体与各投影面的相对位置保持不变，所以无论是整个形体，还是形体的各个部分，它们的投影必然保持下列关系：

1）正面投影与水平投影左右是对正的。

2）正面投影与侧面投影上下是平齐的。

3）水平投影与侧面投影分离在两处，但保持着宽度相等的关系。

这些关系可简化成口诀"长对正、高平齐、宽相等"。作图时必须遵守这些关系。

水平投影与侧面投影之间宽度相等的关系，在作图时可用分规截取，但初学时可借助于从 O 点引出的 45°辅助线作出，如图 2-15d 所示。45°辅助线必须画准确，以确保水平投影与侧面投影之间的宽度相等。

2. 投影图的方位关系

在画正面投影时，相当于观察者面向 V 面，形体上靠近观察者的一侧称为前面，靠近 V 面的一侧称为后面，如图 2-15a 所示。三个投影所反映的空间方位关系为：

1）水平投影反映形体的左右、前后关系。

2）正面投影反映形体的左右、上下关系。

3）侧面投影反映形体的上下、前后关系。

在三面投影图中，水平投影及侧面投影中靠近正面投影的一侧是后方，远离正面投影的一侧是前方，如图 2-15c 所示。图中形体上的小三棱柱在四棱柱的前方，因此，其水平投影和侧面投影都在远离正面投影的一侧。

2.2.3 点的三面投影图

点的投影仍然是点。

规定：空间点的标识使用大写字母，如 A、B、C 等；点的水平投影用相应的小写字母表示，如 a、b、c 等；点的正面投影用相应的小写字母及其右上角加注一撇表示，如 a'、b'、c' 等；点的侧面投影用相应的小写字母及其右上角加注两撇表示，如 a''、b''、c'' 等。

1. 点在两投影面体系中的投影★

图 2-16a 所示为将点 A 放在两投影面体系中的情形。将点 A 向 H 面投射得水平投影 a，它反映了空间点 A 在左右和前后方向的坐标，即 $a(x_A, y_A)$；将点 A 向 V 面投射得正面投影 a'，它反映了空间点 A 在左右和上下方向的坐标，即 $a'(x_A, z_A)$。由点的两个投影可以看出，点 A 在空间的位置可被其两个投影 a 和 a' 唯一确定，因为两个投影反映了点的三个方向的坐标 (x_A, y_A, z_A)。点 A 可用投影表示为 $A(a, a')$。

将 H 面绕 OX 轴向下旋转 90°与 V 面重合，得图 2-16b 所示的投影图，去掉投影面的边界线，如图 2-16c 所示。图中 a 和 a' 的连线垂直于 OX 轴，此线称为投影连线，即 $aa' \perp OX$。

综上所述，得点的两面投影规律：

1）两投影的连线垂直于投影轴，如图 2-16c 所示，$aa' \perp OX$。

2）某一投影到投影轴的距离，等于其空间点到另一投影面的距离，如图 2-16a 所示，有 $aa_X = Aa' = y_A$，$a'a_X = Aa = z_A$。

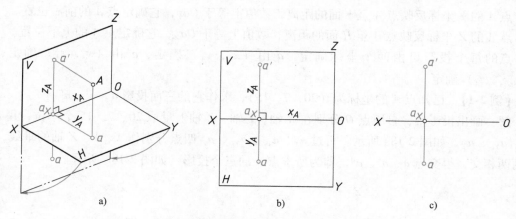

图 2-16 点的两面投影

2. 点在三投影面体系中的投影★

图 2-17a 所示为把点 A 放入三投影面体系中进行投射的直观图。由于 H 面与 W 面向下向右展开后，Y 轴分成了 Y_H 与 Y_W，相应地 a_Y 也分为了 a_{Y_H} 与 a_{Y_W} 两个点。图 2-17b 所示为点 A 的三面投影图。

用三个投影表达点 A 时，可写成 $A(a, a', a'')$。

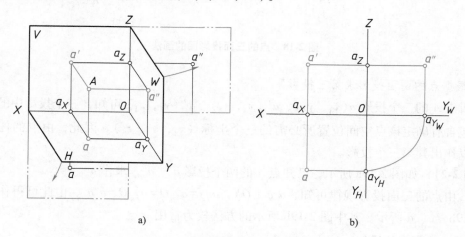

图 2-17 点的三面投影

根据点的两面投影规律，进一步可以得出点的三面投影规律：

1) $a'a \perp OX$；$a'a'' \perp OZ$；$a\,a_{Y_H} \perp OY_H$；$a''_{Y_W} \perp OY_W$。

2) $a'a_X = a''a_{Y_W} = a_Z O = Aa =$ 点 A 到 H 面的距离；$aa_X = a''a_Z = a_{Y_H}O = a_{Y_W}O = Aa' =$ 点 A 到 V 面的距离；$a'a_Z = aa_{Y_H} = a_X O = Aa'' =$ 点 A 到 W 面的距离。

3. 点的坐标与投影的关系★

如图 2-17a 所示，把互相垂直的 V 面、H 面、W 面三个投影面作为直角坐标系 $O\text{-}XYZ$ 的三个坐标平面，投影轴 OX、OY、OZ 即为三条坐标轴，O 点为坐标原点。

点 A 的 X 坐标反映点 A 至 W 面的距离，数值上等于 Oa_X，它确定点 A 的左右位置。

点 A 的 Y 坐标反映点 A 至 V 面的距离，数值上等于 Oa_Y，它确定点 A 的前后位置。

点 A 的 Z 坐标反映点 A 至 H 面的距离，数值上等于 Oa_Z，它确定点 A 的上下位置。

点的每个投影可由两个坐标确定，a 由（x_A，y_A）确定、a′ 由（x_A，z_A）确定、a″ 由（y_A，z_A）确定。

【例 2-1】 已知点 A 的坐标为（20，7，15），求作它的三面投影 a、a′、a″。

解： 画出投影轴，自原点 O 分别在 X 轴、Y 轴、Z 轴上量取 20、7、15 个单位，得 a_X、a_{Y_H}、a_{Y_W}、a_Z，如图 2-18a 所示。再过 a_X、a_{Y_H}、a_{Y_W}、a_Z 四点分别作 X、Y、Z 轴的垂线，它们两两相交，得交点 a、a′、a″，即为所求点 A 的三个投影，如图 2-18b 所示。

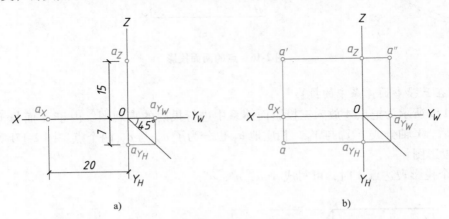

a)　　　　　　　　　　　　　　　　b)

图 2-18　点的三面投影图的画法

4. 根据点的两面投影求第三投影★

分析点 A 的三个投影 $a(x_A, y_A)$、$a'(x_A, z_A)$、$a''(y_A, z_A)$ 可知，三个投影中的任意两个，都包含有确定该点空间位置所必需的三个坐标（x_A，y_A，z_A）。因此，由点的任意两个投影可以作出其第三个投影。

【例 2-2】 如图 2-19a 所示，已知点 A 的两个投影 a′、a″，求作 a。

解： 由点的三面投影规律可知，$a'a \perp OX$，$aa_x = a_{Y_H}O = a_{Y_W}O = a''a_z$。由此可得作图方法如图 2-19b、c、d 所示。其中图 2-19b 所示的方法较为常用。

5. 两点的相对位置★

点的坐标值反映了空间点的左右、前后、上下位置。比较两点的坐标差，就可以判别两点在空间的相对位置，x 值大者在左；y 大者在前；z 值大者在上。

在图 2-20b 中，根据 A、B 两点的投影，可得 $x_B < x_A$，$y_B > y_A$，$z_B < z_A$，则判断出点 B 在点 A 的右前下方。这个判断结果可以从图 2-20a 的直观图中直接观察到。

6. 重影点★

当空间两点处于同一条投射线上时，它们在该投射线所垂直的投影面上的投影便会重合在一点上。这样的空间两点称为对该投影面的**重影点**，重合在一起的投影称为**重影**。

如图 2-21a 所示，点 A、B 是对 H 面的重影点，a、b 则是它们的重影。

重影点的重合投影有左遮右、前遮后、上遮下的现象，在左、前、上的点其相应的投影

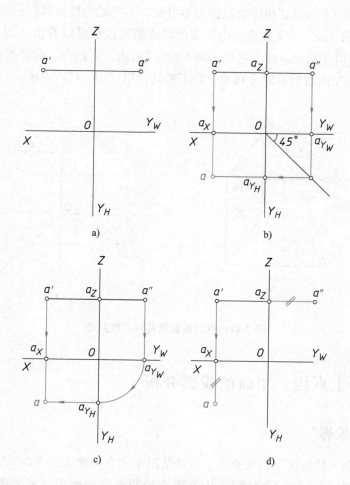

图 2-19 由点的两投影作其第三投影

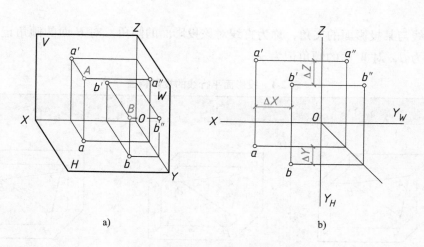

图 2-20 两点的相对位置

为可见，在右、后、下的点其相应的投影为不可见，不可见的投影其标记要加注圆括号。例如，图 2-21b 中水平投影 a、b 重合，由正面投影或侧面投影可以看出 A 点在 B 点之上，所以从上面向下观看时 A 可见，B 不可见，则 b 用（b）表示。同理，侧面投影 a''、c'' 重合，A 点在 C 点之左，从左向右观看时 A 可见，C 不可见，则 c'' 用（c''）表示。

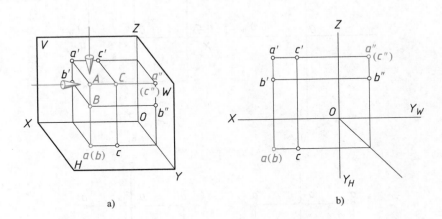

图 2-21　点的重影及其可见性判断

2.3　立体上直线、平面的投影分析

2.3.1　直线的投影 *

直线的投影在一般情况下仍为直线，特殊情况下才会积聚成一点。

根据初等几何可知"两点定线"，由不重合的两点能够确定且唯一确定一条直线。因此，只要能作出直线上任意不重合的两个点的投影，则连接两点的同面投影，就可得到直线的投影。

空间直线与某投影面的夹角，称为直线对该投影面的倾角。对 H 面的倾角记为 α，对 V 面的倾角记为 β，对 W 面的倾角记为 γ。

表 2-1　投影面平行线的投影特性

名称	水平线	正平线	侧平线
直观图			

（续）

名称	水平线	正平线	侧平线
平面体投影图			
直线投影图			
投影特性	ab 倾斜，反映实长、β 和 γ 角 $a'b'$∥OX 轴，长度缩短 $a''b''$∥OY_W轴，长度缩短	bc∥OX 轴，长度缩短 $b'c'$倾斜，反映实长、α 和 γ 角 $b''c''$∥OZ 轴，长度缩短	ac∥OY_H轴，长度缩短 $a'c'$∥OZ 轴，长度缩短 $a''c''$倾斜，反映实长、α 和 β 角

直线在三投影面体系中，根据它的倾角不同，可以分为三种类型：

1）平行于某一投影面而与另两个投影面倾斜的直线，称为投影面平行线。

2）垂直于某一投影面的直线（这时它将同时平行于另两个投影面），称为投影面垂直线。

3）对三个投影面都倾斜的直线，称为任意斜直线。投影面平行线和投影面垂直线通常统称为特殊放置直线，简称特殊直线。

1. 投影面平行线的投影特性★

平行于 H 面的直线称为水平线；平行于 V 面的直线称为正平线；平行于 W 面的直线称为侧平线，见表 2-1 中所列的 AB、BC、AC 直线。

2. 投影面垂直线的投影特性★

垂直于 H 面的直线称为铅垂线；垂直于 V 面的直线称为正垂线；垂直于 W 面的直线称为侧垂线，见表 2-2 中所列的 AB、AC、AD 直线。

表 2-2　投影面垂直线的投影特性

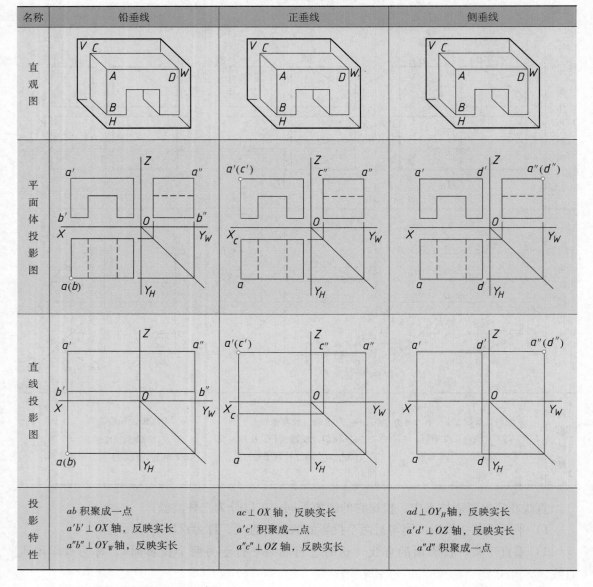

名称	铅垂线	正垂线	侧垂线
直观图			
平面体投影图			
直线投影图			
投影特性	ab 积聚成一点 $a'b'\perp OX$ 轴，反映实长 $a''b''\perp OY_W$ 轴，反映实长	$ac\perp OX$ 轴，反映实长 $a'c'$ 积聚成一点 $a''c''\perp OZ$ 轴，反映实长	$ad\perp OY_H$ 轴，反映实长 $a'd'\perp OZ$ 轴，反映实长 $a''d''$ 积聚成一点

3. 任意斜直线的投影特性★

图 2-22a 所示为四棱锥在三投影面体系中的直观图，其棱线 AB 为任意斜直线，它对三个投影面都是倾斜的。这种直线的投影特性是：三个投影都是倾斜线段，并且投影长度都小于实长，与投影轴的夹角也均不反映直线的 α、β、γ 倾角，如图 2-22c 所示。

2.3.2　直线上的点★

根据投影基本性质中的从属性，点在直线上，点的投影必定在直线的同面投影上。如图 2-23 所示，点 K 在直线 SA 上，则其三投影 k 在 sa 上，k' 在 $s'a'$ 上，k'' 在 $s''a''$ 上。反之，由其三个投影的从属关系，可得知点 K 在直线 SA 上。

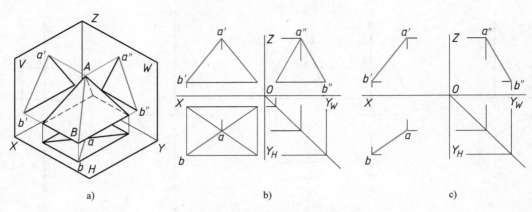

图 2-22　任意斜直线的投影图

又根据定比性，点分线段的比投影后保持不变，则必有 $sk:ka=s'k':k'a'=s''k'':k''a''=SK:KA$ 的关系。

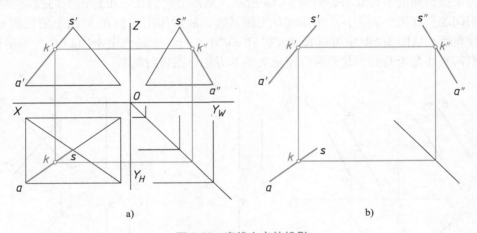

图 2-23　直线上点的投影

利用直线上点的投影特性，如果点在直线上，由点的一个投影，可以作出它的其余两投影（当点的已知投影在直线的积聚投影上时例外）。

【例 2-3】　如图 2-24a 所示，已知侧平线 SB 上点 K 的 V 面投影 k'，求其水平投影。

解： 根据从属性和点的投影规律，先由 k' 可求得 k''，再求得 k，如图 2-24b 所示。也可以不作 W 面投影，利用定比关系，作辅助线求得 k，如图 2-24c、d 所示。

2.3.3　两直线间的相对几何关系

两直线间的相对几何关系有平行、相交和交错三种情形。前两种为共面直线，后一种为异面直线。

1. 两直线平行★

由投影基本性质可知，两直线平行，其同面投影都平行，如图 2-25 所示。反之，如果两直线的同面投影都平行，则空间两直线必定平行。

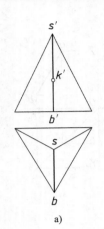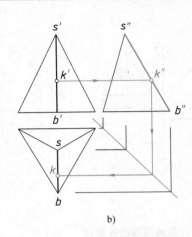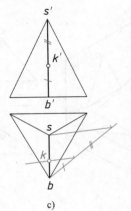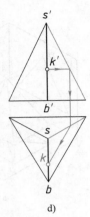

图 2-24　在直线上定点

从投影图上判别两直线是否平行时，一般根据两面投影便可以判断两直线是否平行，但当直线为某投影面的平行线时，如图 2-26a 所示，则需由它们在该投影面上的投影参加判断才能说明问题。在图 2-26a 中，AB 和 CD 为侧平线，故需作出它们在 W 面上的投影 a″b″ 和 c″d″ 进行判断，从图 2-26b 中可以看出 a″b″ 和 c″d″ 不平行，于是判定 AB 和 CD 为不平行。也可以根据两直线是否共面、是否符合定比关系等方法作图进行判断。

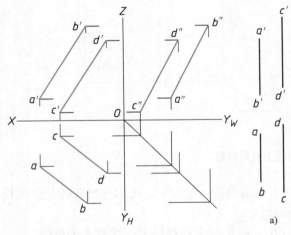

图 2-25　两直线平行

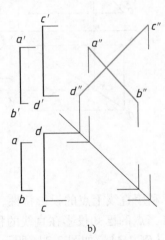

图 2-26　判断两直线是否平行

2. 两直线相交★

由投影基本性质可知，两直线相交，其同面投影都相交，且各投影的交点满足同一个点的投影规律，如图 2-27a 所示。

从投影图上判别两直线是否相交时，一般根据两面投影便可以作出判断，如图 2-27a 中的 AB 和 CD，由于两投影的交点 k 和 k′ 同在一条竖直的投影连线上，所以 AB 和 CD 为两相交直线。但当有直线为某投影面的平行线时，如图 2-27b 所示，CD 为侧平线，则需作出该直线所平行的那个投影面上的投影 a″b″ 和 c″d″ 进行判断，由图 2-27b 的作图结果表明 AB 和 CD 为不相交。图 2-27c 中 AB 为水平线，则需判断水平投影的情形，也可以根据直线的共面、定比等关系作图进行判断。

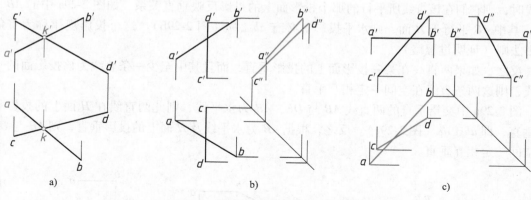

图 2-27　两直线相交及判断两直线是否相交

3. 两直线交错★

既不平行也不相交的两直线，称为交错（或交叉）直线，如图 2-28 所示，AB 和 CD 不平行也不相交，为两交错直线。一般情况下，交错两直线的三面投影可能也相交，但各投影的交点并不符合点的投影规律，各投影的交点不是同一个点的三投影。

交错两直线投影的交点，是位于一条投射线上分别属于二直线的两个点的重合投影。如图 2-28b 所示，水平投影上的交点 1、2 是 CD 直线上的Ⅰ点和 AB 直线上的Ⅱ点的重合投影，Ⅰ点和Ⅱ点是水平投影面的重影点，1 可见，2 不可见；正面投影上的交点 3′、4′是 CD 直线上的Ⅲ点和 AB 直线上的Ⅳ点的重合投影，Ⅲ点和Ⅳ点是正立投影面的重影点，4′可见，3′不可见。

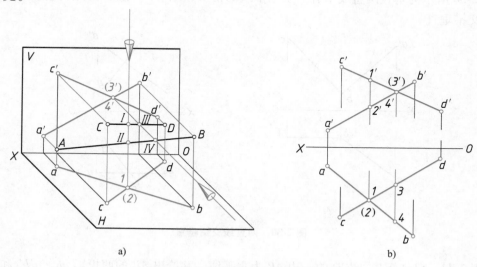

图 2-28　交错两直线及其重影点和可见性

4. 一边平行于投影面的直角投影★

在投影图上一般不能如实反映相交两直线间的夹角大小，所以互相垂直的直线在投影图上一般不反映垂直关系。但当相交垂直或交错垂直的两直线中至少有一条为某个投影面的平行线时，则它们在该直线所平行的那个投影面上的投影反映垂直关系。如图 2-29a 中的 $AB \perp BC$，其中 AB 平行于 H 面，则水平投影上必有 $ab \perp bc$（图 2-29b）。这个投影规律称为直角投影法则（证明过程略）。

反之，如果两直线在某一投影面上的投影垂直，而且其中至少一条直线为该投影面的平行线，则这两条直线在空间一定相互垂直。

图 2-29a 中交错垂直的两直线 AB 与 DE，AB 为水平线，则此两直线在 H 面上的投影相互垂直，即 $ab \perp de$（图 2-29c）。反之，根据 AB 为水平线及 H 面上的投影垂直，则 AB 与 DE 在空间一定相互垂直。

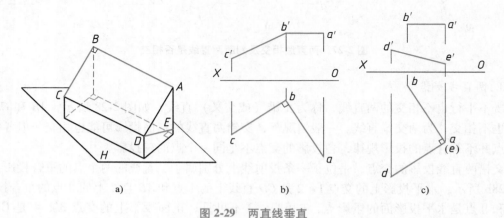

图 2-29　两直线垂直

图 2-30 所示为垂直两直线中有一条正平线的情形，图 2-30a 所示为相交垂直，图 2-30b 所示为交错垂直。

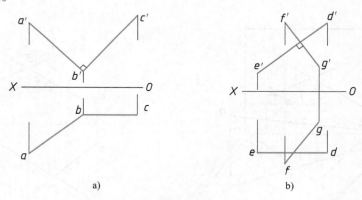

图 2-30　两直线交错垂直

【例 2-4】　已知矩形 $ABCD$ 的一边 AB 为水平线，并给出 AB 的两投影 ab、$a'b'$ 和 BC 的正面投影 $b'c'$，试完成该矩形的两面投影图（图 2-31a）。

解：矩形的邻边互相垂直，即 $AB \perp BC$，又因为 AB 为水平线，所以，根据直角投影法则，应有 $ab \perp bc$。再根据矩形对边平行的性质即可完成矩形 $ABCD$ 的两投影。

作图步骤如下（图 2-31b）：过 b 作 ab 的垂线，再由 c' 可求得 c；分别过 a 和 c 作 bc 和

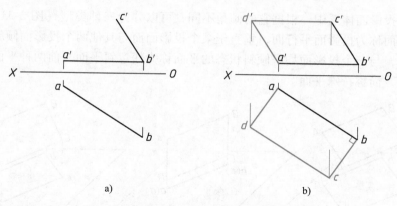

a)   b)

图 2-31 完成矩形 *ABCD* 的两面投影图

ab 的平行线，求得 d；分别过 a' 和 c' 作 $b'c'$ 和 $a'b'$ 的平行线，求得 d'。

如果作图无误，d 与 d' 的连线必垂直于 OX 轴。

2.3.4 平面的投影*

根据"三点定面"这一平面构成的基本性质可知，由任何不在同一条直线上的三点可确定并且唯一确定一个平面。因此，只要能作出平面上不在同一直线上的三个点的投影，则这个平面的位置就被唯一确定，如图 2-32a 所示。将三个点加以转化，便形成了表示平面的各种形式，如图 2-32b~f 所示。此外，立体表面上的平面，常以平面图形出现，如平面多边形、圆、椭圆等。

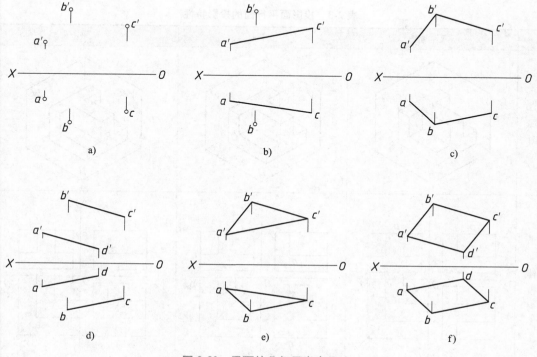

a)   b)   c)

d)   e)   f)

图 2-32 平面的几何元素表示法

平面在三投影面体系中，根据它的倾角不同，可以分为三种类型（图 2-33）：平行于某个投影面的平面称为投影面平行面，垂直于某个投影面而与其他两个投影面倾斜的平面称为投影面垂直面，与三个投影面均呈倾斜状态的平面称为任意斜平面。前两种平面也可统称为特殊放置平面，简称特殊平面。

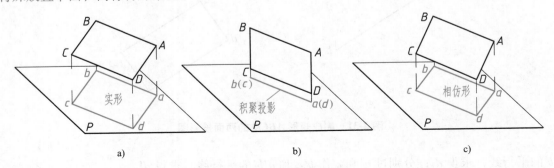

图 2-33　平面的投影类型

a）P 投影面的平行面　b）P 投影面的垂直面　c）P 投影面的斜平面

空间平面与某投影面的夹角，是用其平面角来度量的，称为平面对该投影面的倾角。对 H 面的倾角记为 α，对 V 面的倾角记为 β，对 W 面的倾角记为 γ。

1. 投影面平行面的投影特性★

平行于 H 面的平面称为水平面；平行于 V 面的平面称为正平面；平行于 W 面的平面称为侧平面，见表 2-3 中的 P、Q、R 平面。

表 2-3 列出了用平面图形表示的三种投影面平行面的投影特性。

表 2-3　投影面平行面的投影特性

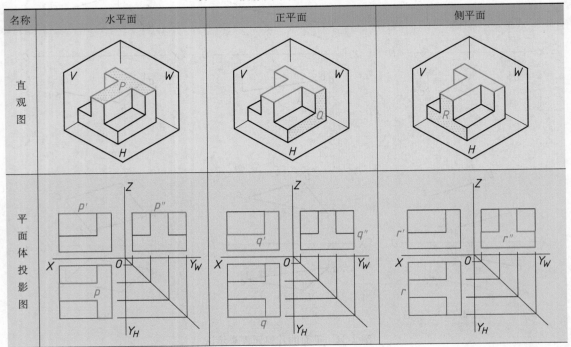

（续）

名称	水平面	正平面	侧平面
平面投影图	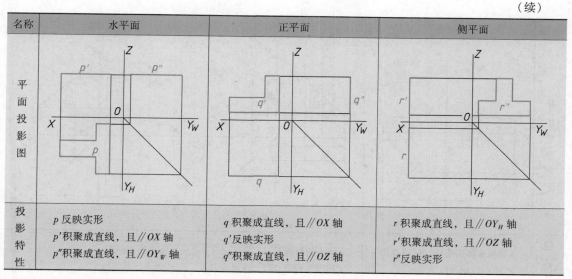		
投影特性	p 反映实形 p' 积聚成直线，且$//OX$ 轴 p'' 积聚成直线，且$//OY_W$ 轴	q 积聚成直线，且$//OX$ 轴 q' 反映实形 q'' 积聚成直线，且$//OZ$ 轴	r 积聚成直线，且$//OY_H$ 轴 r' 积聚成直线，且$//OZ$ 轴 r'' 反映实形

2. 投影面垂直面的投影特性★

垂直于 H 面的平面称为铅垂面；垂直于 V 面的平面称为正垂面；垂直于 W 面的平面称为侧垂面，见表 2-4 中的 P、Q、R 平面。

表 2-4 列出了用平面图形表示的三种投影面垂直面的投影特性。投影面垂直面在它所垂直的投影面上的投影积聚为倾斜的直线，另外两投影则为原图形的相仿形，对于平面体的表面来说，即为边数不变、凸凹相同、保持着平行和定比关系的多边形。这个特性在对投影图进行线面分析时十分有用。

表 2-4 投影面垂直面的投影特性

名称	铅垂面	正垂面	侧垂面
直观图			
平面体投影图			

（续）

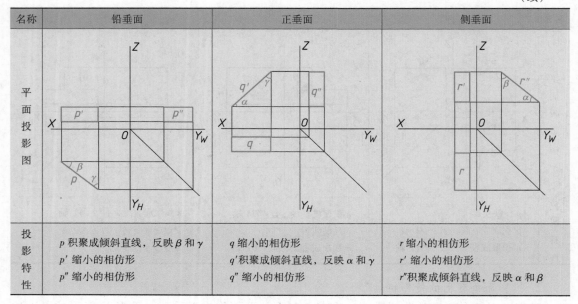

名称	铅垂面	正垂面	侧垂面
平面投影图			
投影特性	p 积聚成倾斜直线，反映 β 和 γ p' 缩小的相仿形 p'' 缩小的相仿形	q 缩小的相仿形 q' 积聚成倾斜直线，反映 α 和 γ q'' 缩小的相仿形	r 缩小的相仿形 r' 缩小的相仿形 r'' 积聚成倾斜直线，反映 α 和 β

3. 任意斜平面的投影特性★

图 2-34 表达的是一个平面立体，其上的平面 P 与任一投影面既不平行也不垂直，故三个投影 p、p'、p'' 均小于实形，是平面 P 的相仿形。这是任意斜平面的投影特性。

需要强调指出，任意斜平面的各个投影均无实形性和积聚性，而仅有相仿性。平面体上的任意斜表面，其各投影均为原图形的相仿形，是保持了平行性、凹凸性和同边数的多边形。在根据投影图分析形体的表面形状时，利用这一特性可以正确地找出投影图上线框（多边形）的对应关系。

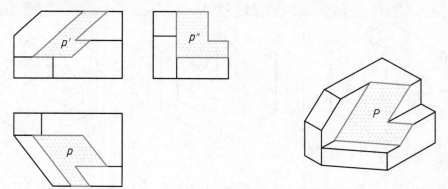

图 2-34　平面体上任意斜表面的投影

2.3.5　平面内的直线★

直线在平面内的几何条件是：直线通过平面内的两个点或通过平面内的一个点并平行于平面内的另一直线。因此，在投影图中，要在平面内作直线，必须先在平面内定出已知直线上的点。

【例2-5】　如图2-35a所示，已知△ABC平面内的直线 MN 的正面投影 m'n'，试作出其水平投影 mn。

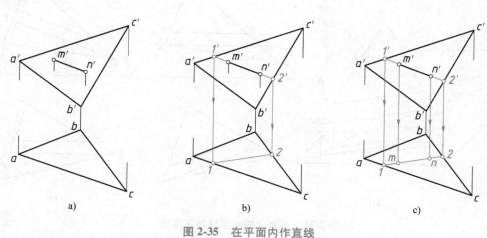

图2-35　在平面内作直线

解：延长 MN 直线使其与 AC、BC 直线相交于Ⅰ、Ⅱ两点，MN 是ⅠⅡ线上的一段。具体作图如下：

延长 m'n'，分别交 a'c'、b'c' 于点 1'、2'，它们是点Ⅰ、Ⅱ的正面投影。由点 1'、2' 作出水平投影点 1、2，如图2-35b所示；连接点 1、2，在线 12 上由 m'n' 作出水平投影 mn，如图2-35c所示。

平面内有各种方向的直线，其中平面内的投影面平行线在作图中有重要意义：

1. 平面内的水平线★

平面内平行于 H 面的直线，称为平面内的水平线。如图2-36a所示，直线 DE 是△ABC平面内的水平线，它既符合直线在平面内的几何条件，同时又具有水平线的投影特性（图2-36b）。

在任意斜平面内的所有水平线的方向都相同，所以它们的同面投影相互平行（图2-37a、b）。

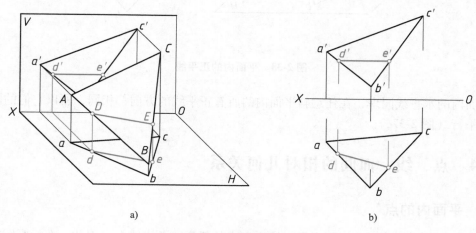

图2-36　平面内的水平线

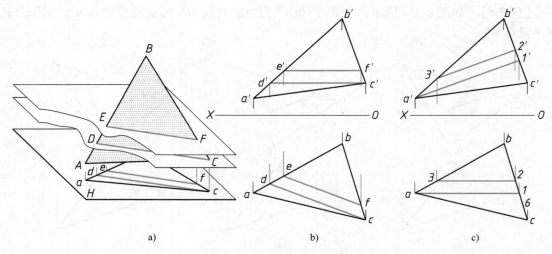

图 2-37　平面内的水平线和正平线

2. 平面内的正平线

平面内平行于 V 面的直线，称为平面内的正平线。如图 2-38a 所示，直线 DE 是 △ABC 平面内的正平线，它既符合直线在平面内的几何条件，同时又具有正平线的投影特性（图 2-38b）。

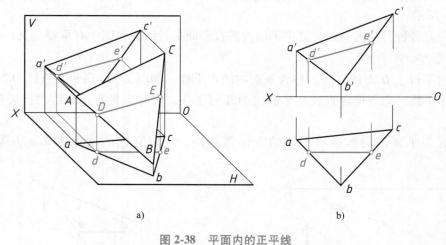

图 2-38　平面内的正平线

与面内的水平线同理，在任意斜平面内的所有正平线的方向都相同，所以它们的同面投影相互平行（图 2-37c）。

■2.4　点、线、面间的相对几何关系

2.4.1　平面内的点★

几何条件：点属于平面，则点需在该平面内的任意一条直线上。因此，在投影图中，要

在平面上作点，必须先在平面上作出直线，然后在此直线上作点。

对于特殊平面，只要点的一个投影与平面的同面积聚投影相重合，不管其他投影如何，该点一定属于该平面。

【例2-6】　如图2-39a所示，已知△*ABC*平面上点*M*的正面投影*m′*，试作出其水平投影*m*。

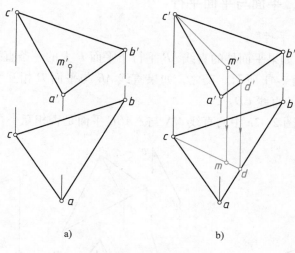

a)　　　　　　　　　　b)

图2-39　在平面上作点

解： 在正面投影△*a′b′c′*内连接*c′m′*，并延长交*a′b′*于点*d′*，*c′d′*是平面上通过*M*点的辅助直线的正面投影；作出其水平投影*cd*；在*cd*上作出*M*点的水平投影*m*，如图2-39b所示。

【例2-7】　如图2-40a所示，已知平面四边形*ABCD*的水平投影*abcd*和*AD*、*DC*两条边的正面投影*a′d′*和*d′c′*，试作出该平面的正面投影*a′b′c′d′*。

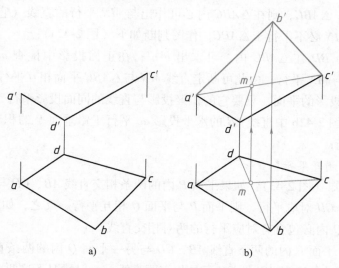

a)　　　　　　　　　　b)

图2-40　完成平面四边形*ABCD*的正面投影

　　解：由于三点定面，A、D、C 三点的两投影为已知，故 B 点应在 ADC 平面上。$ABCD$ 为平面四边形，则它的对角线必相交。

　　作图过程如下（图 2-40b）：在水平投影上连接对角线 ac 和 bd，得交点 m；在 $a'c'$ 上求得 m'；连接 $d'm'$，并在其上由 b 作出 b'；连接 $a'b'$ 和 $b'c'$，即得 $ABCD$ 平面的正面投影。

2.4.2　直线与平面、平面与平面平行

　　1. 直线与平面相互平行★

　　由初等几何可知：如果平面外的直线 AB 平行于平面 P 上的一条直线 CD，则直线 AB 与平面 P 相互平行，如图 2-41 所示。反之，如果直线 AB 与平面 P 相互平行，则平面 P 内必包含有与直线 AB 平行的直线 CD。

　　【例 2-8】　试判断图 2-42a 中的直线 MN 与 $\triangle ABC$ 平面是否相互平行。

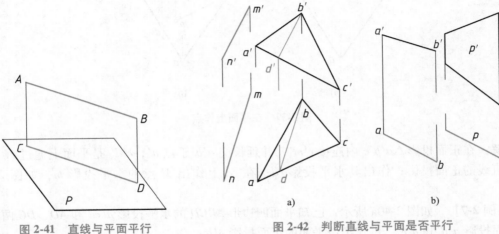

图 2-41　直线与平面平行　　　　　图 2-42　判断直线与平面是否平行

　　解：如果 $MN /\!/ \triangle ABC$，则在 $\triangle ABC$ 内必可作出与 MN 平行的直线（它们的同面投影应相互平行），否则 MN 必不平行于 $\triangle ABC$。作图判断如下（图 2-42a）：

　　作 $bd /\!/ mn$；由 BD 在 $\triangle ABC$ 内，可求出 $b'd'$；在正面投影中检查 $m'n' /\!/ b'd'$，表明 $\triangle ABC$ 内直线 BD 与 MN 平行；由此可断定直线 MN 与 $\triangle ABC$ 平面相互平行。

　　对于具有积聚投影的平面，只要它的积聚投影与直线的同面投影平行，则该直线与此平面即相互平行。在图 2-42b 中直线 AB 的水平投影 ab 平行于铅垂面 P 的积聚投影 p，则直线 AB 与铅垂面 P 平行。

　　2. 平面与平面相互平行★

　　由初等几何可知（图 2-43）：如果平面 P 内的两条相交直线 AB、CD 与另一平面 Q 内的两条相交直线 EF、GH 对应平行，则平面 P 与平面 Q 相互平行。反之，如果平面 P、Q 相互平行，则平面 P、Q 内必包含有对应平行的两对相交直线。

　　在图 2-44 中，平面 P 内的两条直线 AB、CD 与另一平面 Q 内的两条直线 EF、GH 虽然也对应平行，但 AB 与 CD 及 EF 与 GH 不是相交两直线，一般情况下这两个平面不一定就是平行的。

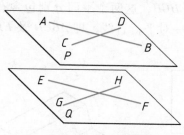

图 2-43　平面与平面平行

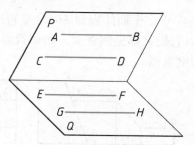

图 2-44　两平面不平行

【例 2-9】　试判定图 2-45 中的四边形 *DEFG* 平面与△*ABC* 平面是否平行。

解：如果在四边形 *DEFG* 平面内能作出两条相交直线与△*ABC* 平面的两条边对应平行，则△*ABC* 平面与四边形 *DEFG* 平面平行，否则它们不平行。

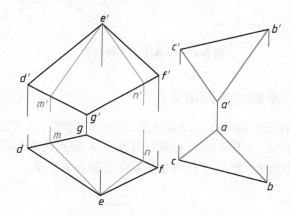

图 2-45　判断两平面是否平行

在四边形 *DEFG* 平面上作相交直线 *EM* 和 *EN*，使 *e'm'∥b'a'* 和 *e'n'∥c'a'*，画出水平投影 *em* 和 *en*，经检查，*em∥ba* 和 *en∥ca*，说明 *EM∥AB* 和 *EN∥BC*。这符合两平面平行的几何条件，所以可以断定四边形 *DEFG* 平面与△*ABC* 平面平行。

如果被检验的两平面是同一个投影面的垂直面，则只需判断其积聚投影是否平行即可。如在图 2-46a 中，因为 *p∥q*，所以 *P* 平面∥*Q* 平面，而在图 2-46b 中，因为 *r* 不平行于 *s*，所以 *R* 平面也不平行于 *S* 平面。

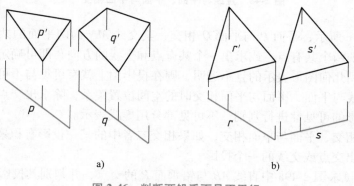

a)　　　　　　　　　　　b)

图 2-46　判断两铅垂面是否平行

在图 2-47 中，平面体表面 *ABCD* 平行于表面 *EHGH*，这两个平面分别包含有侧垂线 *AB* 和 *EF*，所以它们又都是侧垂面，侧面投影积聚成一对平行直线，即 *ABCD* 及 *EFGH* 是一对互相平行的侧垂面。

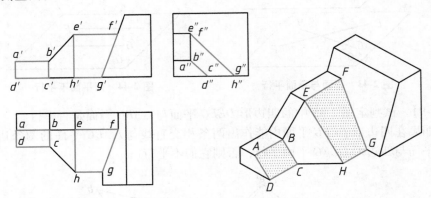

图 2-47　形体上的平行表面

2.4.3　直线与平面、平面与平面相交

相交问题是求解共有元素的问题，即求交点、交线的问题，以及还要区分出可见性。

如图 2-48a 所示，直线 *AB* 与平面 *P* 相交，其交点 *K* 为直线 *AB* 与平面 *P* 的共有点，它既属于直线 *AB* 又属于平面 *P*。这是求直线与平面交点的基本依据。

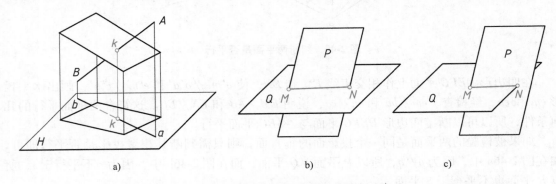

图 2-48　直线与平面、平面与平面相交*

如图 2-48b、c 所示，平面 *P* 与平面 *Q* 相交，其交线 *MN* 为两平面的共有线。因此，只要求出两个平面的两个共有点，或求出一个共有点和交线的方向，即可确定两平面的交线。

假定平面是用几何图形表示的且不透明，则在投影图上就有可见与不可见的问题。为了进一步弄清楚直线与平面、平面与平面相交时的空间位置关系，除求出交点交线外还必须对直线或平面各投影的可见性进行判别，不可见部分用虚线表示。

直线与平面相交、平面与平面相交，如果相交二者中的某一投影有积聚性，则可利用该积聚投影直接求出交点或交线的一个投影。

【例 2-10】　试求图 2-49a 中直线 *AB* 与铅垂面 *P* 的交点，并判别其投影的可见性。

解：设直线 *AB* 与铅垂面 *P* 的交点为 *K*，因为 *P* 的水平投影有积聚性，所以交点 *K* 的水

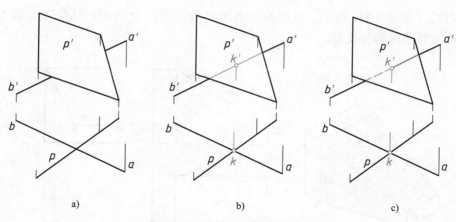

图 2-49 求直线与铅垂面的交点

平投影 k 必在 p 上；而交点 K 又是属于直线 AB 的点，故 K 点的水平投影应在直线 AB 的水平投影上。因此，ab 与 p 的交点 k 即是交点 K 的水平投影。根据直线上点的投影规律，可在 $a'b'$ 上求得 k'，如图 2-49b 所示。

在平面无积聚性的投影上，平面投影以外的直线部分是可见的；在平面投影以内的部分则会发生可见与不可见的问题。直线穿过交点可见性将发生改变，交点是可见与不可见的分界点。在本题中，从水平投影上可以看出，在交点的左面是平面在前，直线在后，所以正面投影上 k' 以左的一段直线为不可见，从 k' 往右则为可见，如图 2-49c 所示。

【例 2-11】 试求图 2-50a 中铅垂面 P 与任意斜平面 $\triangle ABC$ 的交线，并判断各部分的可见性。

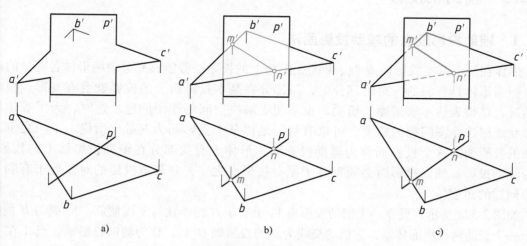

图 2-50 求铅垂面与任意斜平面的交线

解： 由于铅垂面 p 的水平投影有积聚性，故可直接求得 $\triangle ABC$ 平面上 AB、AC 两直线与 P 平面的两个交点 $M(m, m')$、$N(n, n')$，$MN(mn, m'n')$ 即为所求的交线（图 2-50b）。

由水平投影可以看出，P 平面将 $\triangle ABC$ 平面分成两部分，位于 P 平面前面的一部分其正面投影可见，另一部分其正面投影为不可见，交线是可见与不可见的分界线（图 2-50c）。

【**例 2-12**】 如图 2-51a 所示，立体被铅垂面 P 和正垂面 Q 切割，试在投影图上作出 P 和 Q 两平面交线 MN 的各投影。

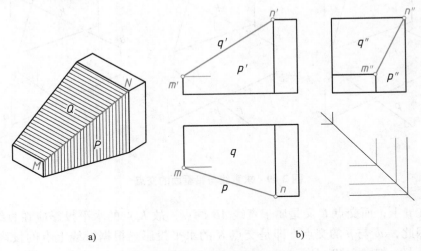

a)   b)

图 2-51　求铅垂面与正垂面的交线

解：如图 2-51b 所示，铅垂面 P 的水平投影 p 有积聚性，所以交线 MN 的水平投影 mn 在 p 上，又由于正垂面 Q 的正面投影 q' 也有积聚性，则交线 MN 的正面投影 $m'n'$ 在 q' 上，由 mn 和 $m'n'$ 可得 $m''n''$。

■ 2.5　辅助正投影★

2.5.1　辅助投影及点的辅助投影画法

形体在三个基本投影面 H 面、V 面、W 面上的投影一般能够充分表明形体各部分的形状。但当形体具有斜的、歪的部分时，该部分在基本投影面上的投影就会有变形、扭曲的情况，使得表达不够清晰、简明，也不便于解决空间的作图问题。这时，为了表达局部形状或解决作图问题的需要，可以有目的地以某个投影面为基础，增设一个与之垂直的新的投影面。这个投影面称为辅助投影面，形体上有关部分在辅助投影面上的投影，称为辅助投影。辅助投影面必须垂直于原有投影面之一，并与被投影的对象处于有利于解决问题的角度。

如图 2-52a 所示，设立一个辅助投影面 V_1 垂直于 H 面，且与 V 面倾斜。V_1 面与 H 面构成了一个新的两投影面体系，它们的交线为新的投影轴 O_1X_1，称为辅助投影轴。点 A 在 V_1 面上的投影 a_1' 到 O_1X_1 轴的距离仍反映点 A 的 z 坐标，即点 A 到 H 面的距离，亦即等于 V 面上 a' 到 OX 轴的距离。

辅助投影面展开时，V_1 面绕 O_1X_1 轴旋转至与 H 面重合，如图 2-52a 所示，然后将 H 面连同重合其上的 V_1 面一齐向下旋转到与 V 面重合，如图 2-52b 所示。

去掉投影面的边框，得到点 A 的辅助投影图，如图 2-53 所示。新旧两投影面体系的投影图上，共有投影面 H。因此，把 H 面上的投影 a 简称作被保留的投影，原 V 面上的投影 a'

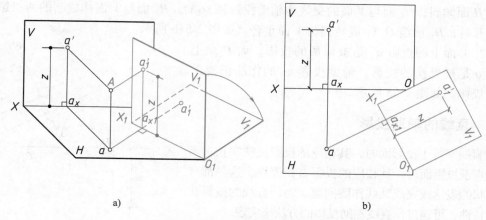

a)

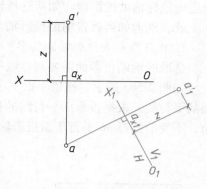

b)

图 2-52　以 H 面为基础建立辅助投影面*

简称作被更换的投影。点 A 在新的两投影面体系内的投影仍满足点的两面投影规律，即辅助投影与被保留的投影间的连线垂直于辅助投影轴 O_1X_1，辅助投影到辅助投影轴的距离仍反映点到 H 面的距离，即等于被更换的投影到原投影轴的距离。

综上所述，根据点的原有投影作出其辅助投影的方法为：自被保留的投影向辅助投影轴作垂线，与辅助投影轴交于一点，自交点起在垂线上截量一段距离，使其等于被更换的投影到原投影轴的距离，即得点的辅助投影。

图 2-53　点的辅助投影的画法*

为了表示清楚各个投影面的位置，可在投影轴 OX 和 O_1X_1 的两侧，分别标注该轴相邻两投影面的标记，即在 OX 轴上方注写 V，下方注写 H；在 O_1X_1 轴的 H 面一侧注写 H，另一侧注写 V_1。

也可以以 V 面为基础建立辅助投影面，如图 2-54a 所示。新的辅助投影面 H_1 与 V 面垂

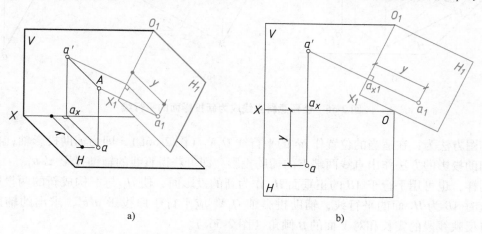

a)　　　　　　　　　　　　b)

图 2-54　以 V 面为基础建立辅助投影面*

直，与 H 面倾斜，H_1 面与 V 面的交线为辅助投影轴 O_1X_1，H_1 面与 V 面构成新的两投影面体系。展开时，H_1 面绕 O_1X_1 旋转到与 V 面重合，如图 2-54b 所示。

现在 V 面上的投影 a' 是被保留的投影，而 H 面上的投影 a 是被更换的投影，辅助投影 a_1 的作法仍遵循前述的规律，如图 2-55 所示。

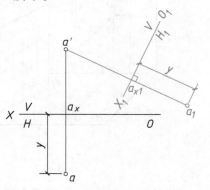

图 2-55 点的辅助投影的画法

2.5.2 直线的辅助投影

当直线平行于投影面时，其相应的投影反映实长；当直线垂直于投影面时，其相应的投影有积聚性，这些都有利于形状的表达或完成某些作图问题。为使直线的投影获得上述特性，可通过作直线辅助投影的方法来实现。

为使直线的辅助投影反映实长或有积聚性，就需要恰当地选择辅助投影面。如何选择辅助投影面，在投影图上就表现为如何放置辅助投影轴。直线的辅助投影主要有以下两类作图问题：

1. 作任意斜直线的辅助投影，使其辅助投影反映线段的实长、倾角

选取的辅助投影面需要与直线平行且与原投影面之一垂直。

如图 2-56a 所示，作铅垂面 $V_1 /\!/ AB$，则 V_1 与 H 构成新的两投影面体系，这时 AB 为 V_1 面的平行线，根据投影面平行线的投影特性，新投影 $a_1'b_1'$ 反映线段的实长和对 H 面的 α 倾角，不变的投影 ab 平行于新投影轴 O_1X_1。

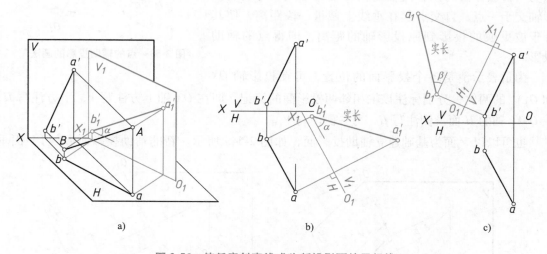

a)　　　　　　　b)　　　　　　　c)

图 2-56 使任意斜直线成为新投影面的平行线

作图方法为：在适当的位置作 ab 的平行线 O_1X_1（图 2-56b），即为辅助投影轴；再按求点的辅助投影的方法作出直线两端点的辅助投影，即可获得直线的辅助投影 $a_1'b_1'$。

同样，也可用平行于 AB 的正垂面 H_1 作为新的投影面，使 H_1 与 V 构成新的两投影面体系，这时 AB 为 H_1 面的平行线，辅助投影轴 O_1X_1 应平行于原投影 $a'b'$，求出的辅助投影 a_1b_1 将反映线段的实长和对 V 面的 β 倾角（图 2-56c）。

2. 作投影面平行线的辅助投影，使其辅助投影有积聚性★

直线为某投影面的平行线，垂直于直线的平面也同时垂直于相应的投影面。

如图 2-57a 所示，AB 为正平线，可作正垂面 $H_1 \perp AB$，则 H_1 与 V 构成新的两投影面体系。这时 AB 为 H_1 面的垂直线，辅助投影 a_1b_1 积聚为一点，原投影 $a'b'$ 垂直于新投影轴 O_1X_1。

作图方法为：在适当的位置作 $a'b'$ 的垂直线 O_1X_1（图 2-57b），即为辅助投影轴；再按求点的辅助投影的方法作出直线两端点的辅助投影，即可获得积聚为一点的直线辅助投影 a_1b_1。

如果直线为水平线，可作与直线垂直的铅垂面 V_1 为新的投影面，使直线在 V_1 面上的辅助投影积聚（图 2-57c）。

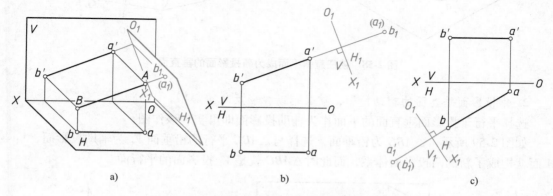

图 2-57　使投影面平行线成为新投影面的垂直线

2.5.3　平面的辅助投影

投影面的平行面在它所平行的那个投影面上的投影反映实形，投影面的垂直面在它所垂直的那个投影面上的投影有积聚性。这些性质有利于画图、看图和在投影图上解决与平面有关的几何问题。可以通过建立平面辅助投影的方法来获得上述投影特性。平面的辅助投影主要有以下两类作图问题：

1. 作任意斜平面的辅助投影，使其辅助投影有积聚性★

选取的辅助投影面需要同时垂直于该平面和原投影面之一。可通过该平面内的一条投影面平行线来确定辅助投影面的方向。

如图 2-58a 所示，取 $\triangle ABC$ 面内的一条水平线 AD，作铅垂面 V_1 垂直于 AD，则 V_1 与 H 面构成新的两投影面体系，这时 $\triangle ABC$ 平面为 V_1 面的垂直面，辅助投影 $a_1'b_1'c_1'$ 积聚为一线段。水平线 AD 的水平投影 ad 垂直于新投影轴 O_1X_1。

在投影图上（图 2-58b）的作图方法为：在 $\triangle ABC$ 面内作一条水平线 AD，即作 $a'd' /\!/ OX$，求出 ad；在适当位置作 $O_1X_1 \perp ad$，得辅助投影轴 O_1X_1；运用作点的辅助投影的方法，作出 $\triangle ABC$ 面的辅助投影 $a_1'b_1'c_1'$，其积聚为一条线段，其与 O_1X_1 轴夹角为平面 α 倾角。

同样，亦可在 $\triangle ABC$ 面内取一条正平线，用垂直于该正平线的正垂面 H_1 和原 V 面构成新的两投影面体系，而此时 $\triangle ABC$ 面就成了 H_1 面的垂直面，可得平面 β 倾角。

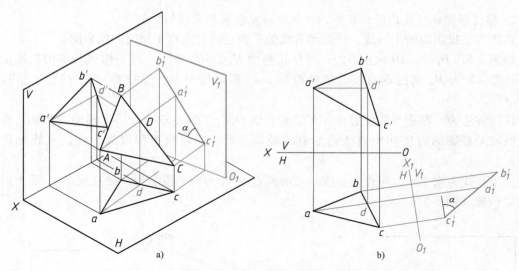

图 2-58　使任意斜平面成为新投影面的垂直面

2. 作投影面垂直面的辅助投影，使其辅助投影反映实形★

选择平行于投影面垂直面的平面作为辅助投影面即可实现该作图。

如图 2-59 所示，△ABC 为铅垂面，选择与 △ABC 平行的铅垂面 V_1 为辅助投影，V_1 与 H 面就构成了新的两投影面体系，而此时 △ABC 就是 V_1 投影面的平行面。

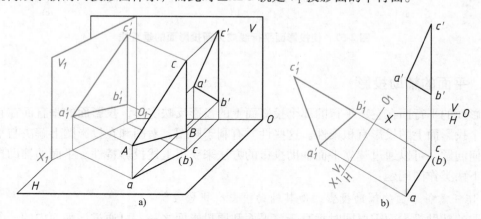

图 2-59　使投影面垂直面成为新投影面的平行面

在投影图上（图 2-59b）的作图方法为：在适当位置作 O_1X_1 平行于 △ABC 的积聚投影 abc，O_1X_1 为辅助投影轴；作出辅助投影 △$a_1'b_1'c_1'$，即为 △ABC 的实形。

同理，也可作正垂面的辅助投影，使其辅助投影反映实形。

【例 2-13】　图 2-60a 所示为顶部被斜截的棱柱的投影图，试作出顶部斜面的实形。

解： 由图 2-60a 可知顶部斜面是正垂面，可以通过作该面的辅助投影得到它的实形。此图无投影轴，可设定一条基准轴 OX，利用相对坐标作出辅助投影。

作图步骤如下（图 2-60b）：设定 OX 轴；作新投影轴 O_1X_1 平行于顶部斜面的积聚投影；过斜面各顶点的正面投影作 O_1X_1 轴的垂线；在各垂线上量取各顶点的相对 y 坐标 y_1、y_2，

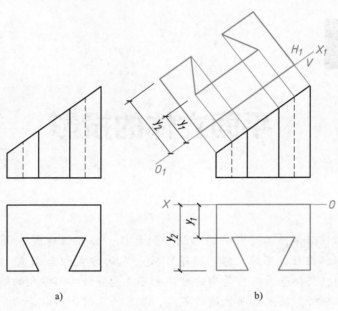

a)   b)

图 2-60　棱柱斜截面的实形

连接所得各点，即为顶部斜面的实形。

思 考 题

1. 什么是中心投影法？什么是平行投影法？
2. 什么是平行投影法的接合性？
3. 工程上常用的图示方法有哪些？
4. 什么是多面正投影法？
5. 两面投影图是如何形成的？
6. 什么是无轴投影图？
7. 三面投影图与空间直角坐标系是什么关系？
8. 什么是三面投影图的度量关系？什么是三面投影图的方位关系？
9. 点的两面投影规律是什么？
10. 在投影图中如何判断两点的相对位置？
11. 如何表示直线的投影？
12. 什么是直线的倾角？
13. 直线的投影分为哪三种类型？
14. 如何在直线上定点？
15. 两直线间的相对几何关系有哪些？
16. 如何判别两直线相交？
17. 什么是直角投影法则？
18. 如何在投影图上表示一个平面？
19. 什么是平面的倾角？
20. 平面的投影分为哪三种类型？

第3章

平面立体的投影

本章导学 工程形体，不论它们的形状如何复杂，都可以看成是由一些基本的几何体（如棱柱、棱锥、圆柱、圆锥、球、环等）按一定的方式组合而成。这些构形方式大致包括叠加、切割、交接等，有些复杂的形体也可能是多种构形方式的综合。分析形体的成型方法称为形体分析。按照表面性质的不同，基本的几何体可以分为平面立体和曲面立体两类。本章研究平面立体的构形问题及其轴测图的画法。通过本章的学习和作业实践，应学会用形体分析的思维方法分析平面立体的构形，养成空间思维的习惯，为后续理解更加复杂的组合体投影的学习打下良好的基础。

本章基本要求：

1）掌握基本平面体的叠加、切割、交接等构形方式。

2）学会分析平面与平面立体相交所得截交线的形状，并掌握截交线投影的作图方法（切割平面只限于特殊面）。

3）学会分析两平面立体相交所得相贯线的形状，并掌握相贯线的投影的作图方法（两立体中有一个是具有积聚投影的棱柱）。

4）掌握轴测投影原理及平面立体的轴测图画法。

■ 3.1 基本平面体的投影

由平面多边形所围成的立体，称为平面立体或简称为平面体。最基本的平面体有棱柱、棱锥、棱台等，如图 3-1 所示。

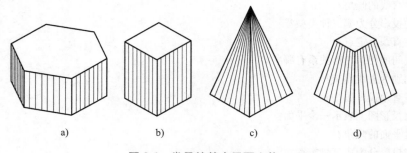

a)　　　　　b)　　　　　c)　　　　　d)

图 3-1 常见的基本平面立体

3.1.1　棱柱*

棱柱有两个互相平行的多边形底面，其余的面称为棱柱的棱面或侧面，相邻两个棱面的交线，称为棱线或侧棱，棱线互相平行。棱线垂直于底面的棱柱称为直棱柱，棱线与底面斜交的棱柱称为斜棱柱，底面是正多边形的直棱柱称为正棱柱。

为使直棱柱的投影能反映底面的实形和棱线的实长，通常使其底面和棱线分别平行于不同的投影面，如图 3-2 所示。正六棱柱的底面为水平面（图 3-2a），前后两棱面为正平面，其他棱面均为铅垂面，其投影图如图 3-2b 所示。

3.1.2　棱锥*

棱锥有一个多边形底面，其余各面是有一个公共顶点的三角形，称为棱锥的棱面或侧

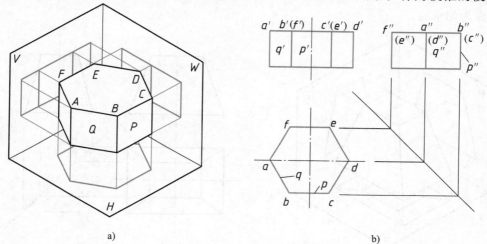

图 3-2　正六棱柱的投影

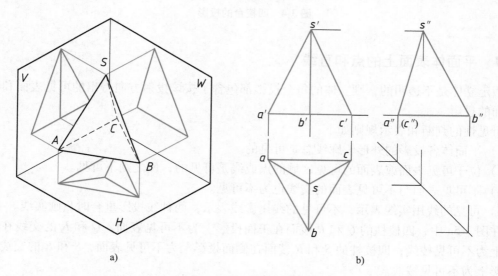

图 3-3　正三棱锥的投影

面。相邻两个棱面的交线，称为棱线或侧棱，各棱线汇交于顶点。如果棱锥的底面是正多边形，且锥顶位于通过底面中心而垂直于底面的直线上，这样的棱锥为正棱锥。

为便于画图和看图，通常使其底面平行于一个投影面，并尽量使一些棱面垂直于其他投影面。如图 3-3 所示，正三棱锥的底面 *ABC* 为水平面，后棱面 *SAC* 为侧垂面，而棱面 *SAB* 和 *SBC* 为任意倾斜平面，其投影图如图 3-3b 所示。

3.1.3　棱台*

用平行于棱锥底面的平面将棱锥截断，去掉顶部，所得的形体称为棱台。因此，棱台的上、下底面为相互平行的相似形，而且所有棱线的延长线将汇交于一点。

为便于画图和看图，通常使其上、下底面平行于一个投影面，并尽量使一些棱面垂直于其他投影面，如图 3-4 所示。四棱台的上、下底面为水平面；左、右两棱面为正垂面；前、后两棱面为侧垂面。

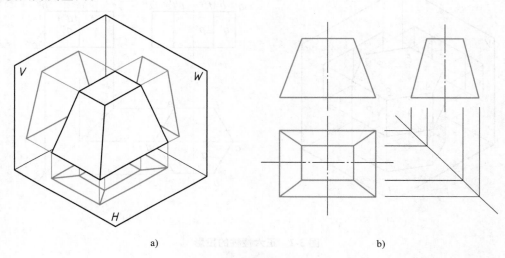

a)   b)

图 3-4　四棱台的投影

3.1.4　平面体表面上的点和直线*

假定立体是不透明的，则立体的每个投影都包含了按该投射方向得出的可见表面和不可见表面的投影。

可见性的判断和表示规则如下：

1）平面体各投影的外形轮廓线总是可见的。

2）位于可见表面或表面的可见区域的点或线是可见的，反之则不可见。

3）不可见表面与不可见表面的交线也为不可见。

4）可见的线用实线表示，不可见的线用虚线表示，两种线投影重合时只画实线。

在图 3-5a 中，四棱柱的 *Q* 和 *R* 棱面在正面投影上为不可见表面，*Q* 和 *R* 的交线在正面投影上为不可见棱线；四棱柱的 *S* 和 *R* 棱面在侧面投影上为不可见表面，*S* 和 *R* 的交线在侧面投影上为不可见棱线。

在图 3-5b 中，五棱锥的棱面 *SDE*、*SDC*、*SBC* 在正面投影上为不可见表面，棱线 *SD*、

SC 为不可见棱线；五棱锥的棱面 *SAB*、*SBC* 在侧面投影上为不可见表面，棱线 *SB*、*SC* 为不可见棱线。棱面 *SDC* 为侧垂面，由于五棱锥左右对称，侧面投影出现可见与不可见部分的重叠，故只画出实线。

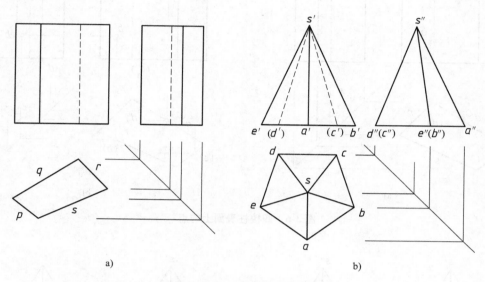

图 3-5　平面体表面的可见性

在平面体表面上定点和直线的时，首先要分析平面体的投影图，了解每一个表面和棱线的投影特点和可见性，利用可见性判断点或直线是位于哪一个表面上。有积聚性投影的表面上的点和直线，可直接利用积聚性进行作图。所求得的点和直线的投影，其可见性可根据它们所在的表面或棱线的可见性来确定。

【例 3-1】　如图 3-6a 所示，已知四棱柱的三个投影，及四棱柱表面上点 *A*、*B* 的正面投影，点 *C* 的侧面投影和点 *D* 的水平投影，试作出 *A*、*B*、*C*、*D* 四点的另外两个投影。

解：四棱柱的上下底面为水平面，四个棱面为铅垂面，*P* 为左前棱面、*S* 为右前棱面、*Q* 为左后棱面、*R* 为右后棱面。*a'* 不可见，则 *A* 点位于 *Q* 面上；*b'* 可见，则 *B* 点位于 *S* 面上；*c"* 可见，则 *C* 点位于 *P* 面上；*d* 不可见，则 *D* 点位于下底面内。作图过程如图 3-6b 所示。

1）由 *a'* 点可在 *q* 上得点 *a*，由 *a*、*a'* 可求出 *a"*，由于 *Q* 为左侧棱面，*a"* 为可见。

2）由 *b'* 点可在 *s* 上得点 *b*，再求出 *b"*，由于 *S* 为右侧棱面，故 *b"* 为不可见。

3）由 *c"* 可在水平投影的 *p* 上得点 *c*，再求出 *c'*，由于 *P* 为前棱面，故 *c'* 可见。

4）由 *d* 点可在下底面的积聚投影上定出 *d'*、*d"*，*D* 点必在底面内，故 *d'*、*d"* 不可见。

【例 3-2】　如图 3-7a 所示，已知四棱锥 *S-ABCD* 的三个投影及四棱锥表面上折线 *KMN* 的正面投影 *k'm'n'*，试求出 *KMN* 折线的另外两个投影。

解：*K* 点在 *SA* 棱线上，*M* 点在 *SB* 棱线上，可在三投影上直接作出 *K*、*M* 的其他投影。*N* 点在 *SBC* 棱面上，根据平面上作点的方法，可求出 *N* 点的其他投影。同面投影的连线，即为折线的投影。其中 *MN* 的侧面投影不可见，即 *m"n"* 为虚线。作图过程如图 3-7b 所示。

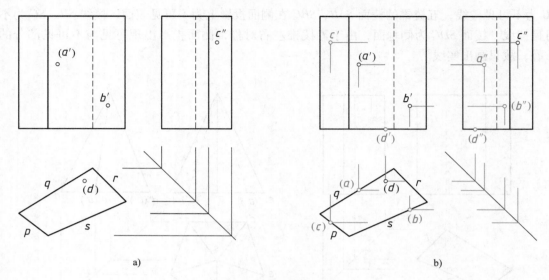

图 3-6　四棱柱表面上的点

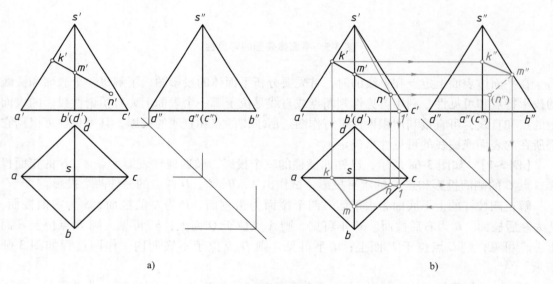

图 3-7　四棱锥表面上的线

3.1.5　基本平面体的叠加*

有些立体可以看作是由一些基本立体经过简单叠加（堆积）成型的。所谓叠加是指基本立体之间只有简单接触，而不另外产生表面交线。图 3-8a、b 所示为叠加形成的立体。

基本立体叠加时，如果顺着接触面有错台，则在相应的投影上两立体间将有表面分界线（图 3-8c）。如果两个基本立体在某一侧的表面是对齐的（共面），则在相应的投影上基本立体之间将无表面分界线。把形体看作是叠加形成的，这只是认识形体构形的一种思维方法，实际上形体本身是一个整体，在接触面处并不存在接缝。

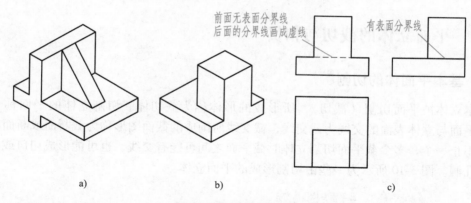

前面无表面分界线
后面的分界线画成虚线

有表面分界线

a)　　　　　　　　b)　　　　　　　　c)

图 3-8　叠加形成的立体

　　由叠加形成的立体，其三面投影图上常有比较明显的分块痕迹。借助于投影图上的分块线框，分析每个线框的含义，容易了解各个简单形体的形状和他们间的叠加关系。这是根据投影图反过来想象形体形状的常用方法。图 3-9a 所示的形体，对照正面投影和水平投影，可以把它划分成Ⅰ、Ⅱ、Ⅲ三个组成部分，它们是按照左、中、右的次序依次叠加起来的。分别想象每一组成部分的形状（图 3-9c、d、e），按照叠加关系综合起来，可以想象出该形体的整体形状（图 3-9b）。

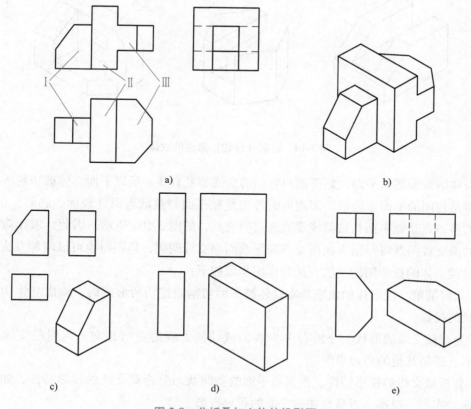

Ⅰ　　Ⅱ　　Ⅲ

a)　　　　　　　　　　　　　　　　　b)

c)　　　　　　　　d)　　　　　　　　e)

图 3-9　分析叠加立体的投影图

■ 3.2 平面立体的截切与相贯

3.2.1 基本平面体的切割★

　　基本立体被平面切割（截切），所形成的形体称为截切体。切割立体的平面称为截平面，截平面与立体表面的交线为截交线，截交线所围成的截面图形称为截断面或断面。截平面可能不止一个，多个截平面切割立体时截平面之间可能有交线，也可能形成切口或挖切出槽口、孔洞。图 3-10 所示为一些由切割形成的平面立体。

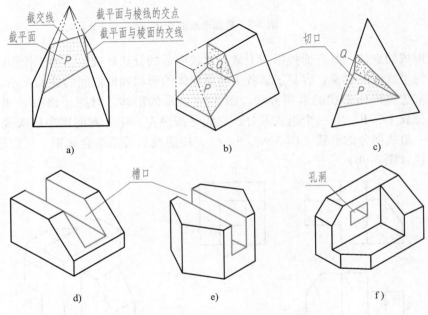

图 3-10　切割（挖切）形成的立体

　　平面体的表面都是平面，截平面与它们的交线都是直线，所以平面立体被切割所得到的截交线将是封闭的平面多边形。多边形的各边是截平面与被截表面（棱面、底面）的交线，多边形的各顶点是截平面与被截棱线或底边的交点，如图 3-10a 所示。因此，求作截平面与平面体的截交线问题可归结为线面交点问题或面面交线问题，作图时也可以两种方法并用。

　　绘制截切体的投影图的一般方法和作图步骤如下：

　　1）几何抽象。把形体抽象成基本立体被平面切割或挖切所形成的，画出立体切割前的原始形状的投影。

　　2）分析截交线的形状。分析有多少表面或棱线、底边参与相交，判明截交线是三角形、矩形、还是其他的多边形等。

　　3）分析截交线的投影特性。根据截平面的空间状态分析截交线的投影特性，如是否反映截断面的实形、投影是否重合在截平面的积聚投影上等。

　　4）求出交线或交点。分别求出截平面与各参与相交的表面的交线，或求出截平面与各参与相交的棱线、底边的交点，并连线。

5）修饰图形。丢弃被截掉的棱线，补全、接上原图中未定的图线，并分清可见性，加深描黑。

【例3-3】 如图3-11a所示，试求四棱锥被一正垂面 P 切割后的三面投影图，并求截断面的实形。

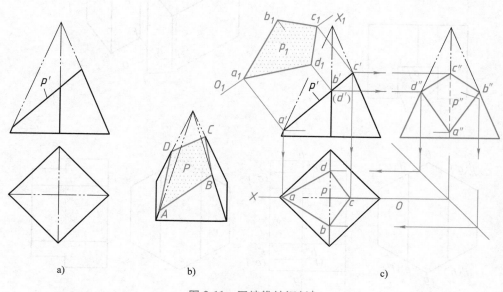

a)　　　　　　　　　b)　　　　　　　　　c)

图 3-11　四棱锥被切割*

解： 截平面 P 与四个棱面都相交，所以截交线为四边形，它的四个顶点为四棱锥的四条棱线与截平面 P 的交点。由于截平面为正垂面，故截交线的正面投影重合成一直线段（即 p'），而水平投影和侧面投影则为四边形（相仿形）。

作图方法如图3-11c所示，先画出四棱锥被切割前的侧面投影。由于截平面的正面投影有积聚性，所以截交线四边形的四个顶点的正面投影 a'、b'、c'、d' 可直接在 p' 上标出。根据点投影的从属性质，可在各棱线的侧面投影和水平投影上分别求出 a''、b''、c''、d'' 和 a、b、c、d，将各顶点的同面投影依次相连，即得截交线的侧面投影和水平投影。最后，丢掉被截平面截去的棱线部分，在各投影上将剩余部分按可见性补齐描深即可。

通过求辅助投影的办法可画出截断面的实形，由于截平面为正垂面，故在水平投影中选取一条参照轴线 OX，在正面投影中安放 O_1X_1 平行于截平面的积聚投影 p'，根据辅助投影的作图原理可作出截断面的实形 p_1。

【例3-4】 试补全图3-12a所示带有槽口的六棱柱的正面投影，并作出其侧面投影。

解： 槽口是由三个截平面 P、Q、R 切割形成的，P 为正平面，Q 和 R 为侧平面。因此，槽口由三个平面图形组成，每个图形由截交线和相邻截平面间的交线所围成。具体的作图方法如图3-12c所示。

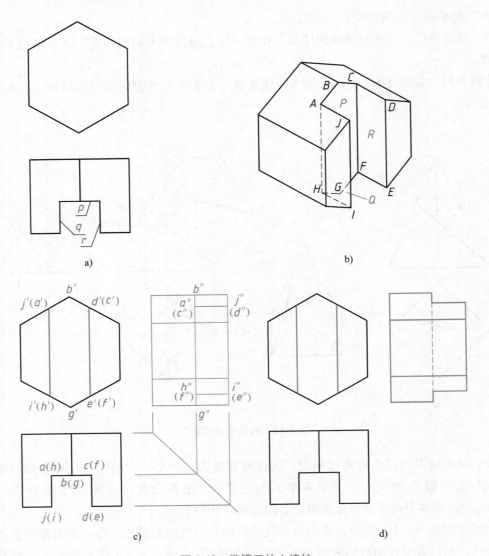

图 3-12　带槽口的六棱柱

先画出切割前完整六棱柱的侧面投影。截平面 P 如果伸展开全部切断棱柱，则其截交线将是与棱柱底面图形相同的正六边形，但实际上 P 面受 Q、R 平面的约束，所以它的实际截面是六边形 $ABCFGH$（图 3-12b），可直接作出其正面投影 $a'b'c'f'g'h'$，其侧面投影积聚成一条竖直线；截平面 Q、R 为一对左右对称的侧平面，其截面 $AJIH$ 和 $CDEF$ 的正面投影积聚成一对竖直线段，可以直接画出；根据两投影求出它们的侧面投影 $a''j''i''h''$ 和 $c''d''e''f''$，这两个图形将重叠在一起；丢弃被截掉的线段，区分可见性，描深图形（图 3-12d）。

【例 3-5】　补全图 3-13a 所示带切口的四棱锥的水平投影和侧面投影。

解： 该四棱锥被两个截平面（水平面和正垂面）切割而成，因此，需要求出两个截平面与四棱锥表面的交线以及两截平面之间的交线。作图方法如图 3-13c 所示。

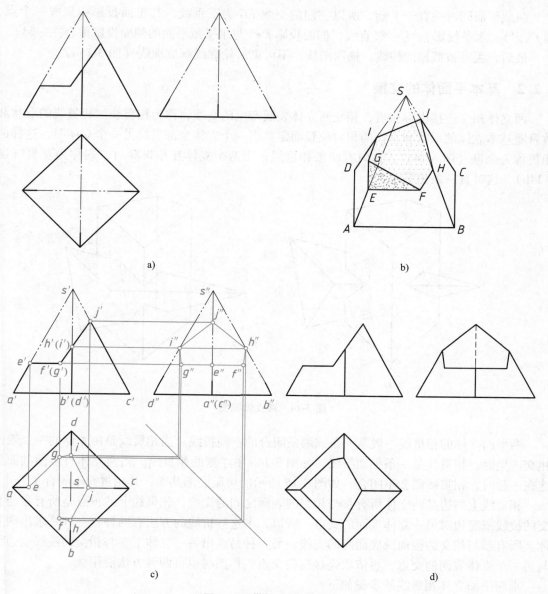

图 3-13　带切口的四棱锥

　　由于水平截平面与棱锥的底面 *ABCD* 平行，若把它扩展开，它与棱锥的截交线将是与底面 *ABCD* 相似的正方形。所以交线 *EF∥AB*、*EG∥AD*，可直接标出其正面投影 *e′f′*、*e′g′*（两线重合），由 *e′* 作出水平投影 *e*，再根据 *ef∥ab*、*eg∥ad* 求出水平投影 *ef*、*eg*。根据两投影可求出其侧面投影 *e″f″*、*e″g″*。

　　另一截平面是正垂面，它与四棱锥的四个棱面都相交，加上与水平截平面的交线（*FG*），截交线为五边形。四棱锥上的三条棱线 *SB*、*SC*、*SD* 与该正垂面相交，在四棱锥的正面和侧面投影上可以确定它们交点 *H*、*J*、*I* 的投影（*h′*、*j′*、*i′*）和（*h″*、*j″*、*i″*），再由两投影可以确定它们的水平投影（*h*、*j*、*i*）。

两截平面同时垂直于 V 面，所以它们的交线 FG 为正垂线，其正面投影积聚成一个点，即 $f'(g')$，水平投影 fg 为一竖直线，侧面投影 $f''g''$ 与水平截平面的侧面投影重合在一起。

最后，丢弃被截掉的棱线，描深图线，不可见的轮廓线画成虚线（图 3-13d）。

3.2.2 基本平面体的交接*

两立体相交连接也称相贯，相交两立体表面产生的交线，称为相贯线。相贯线的形状和数目随基本立体的形状和它们的相对位置而定。当一个立体全部贯穿另一个立体时，这样的相贯称为全贯（图 3-14a），这时有两条相贯线；当两个立体互相贯穿时，则称为互贯（图 3-14b），这时有一条相贯线。

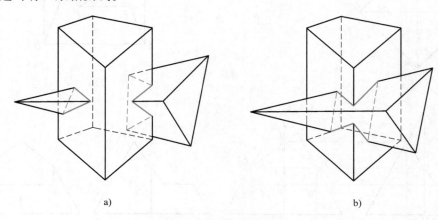

a)   b)

图 3-14　两立体相贯

两平面立体的相贯线一般是一条或两条闭合的空间折线。当相贯线是由立体的一个表面相交产生时，相贯线是一条平面折线，如图 3-14a 中左侧的相贯线。当两立体有表面共面且连在一起时，相贯线则会不闭合，如图 3-15 所示的房屋底部共面，其相贯线不闭合。

相贯线上的边是两立体所有参与相交的表面之间的交线，相贯线上的顶点是所有参与相交的棱线或底边对另一立体表面的交点。所以，求这些折线的方法有两种：一种是求出两立体上所有参与相交的棱面或底面间的交线；另一种是求出每一立体上参与相交的棱线或边线与另一个立体表面的交点，再依次连接这些交点。作图时也可两种方法混用。

求两平面立体相贯线的步骤如下：

1）分析相贯线的类型，确定折线的条数、每条折线的边数或顶点数。

2）求相交表面间的交线或每一立体上参与相交的棱线、边线对另一立体表面的交点。

3）如果求的是交点，只有两点在第一个立体的同一表面上，又在第二个立体的同一个表面上，这样的两点才可以相连。

4）分清各边线的可见性，只有在产生该边线的两个表面的投影都可见时，该边线的相应投影才是可见的。

5）修饰整理，把投影图中的相贯线及其他应补齐、接上的线段按可见性加深描黑。

【例 3-6】　试完成图 3-15a 所示房屋模型的水平投影。

解：本题需要求出房屋两部分的屋面、墙面间的交线，从几何形体上说，需要求出两个五棱柱表面间的交线（相贯线）。观察两五棱柱，均为水平放置，由于作为房屋底部的两个

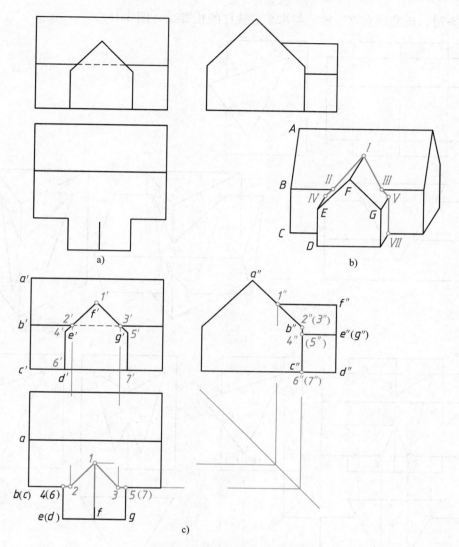

图 3-15　完成房屋模型的水平投影

水平棱面共面且连在一起，则相贯线不闭合，只需求出上部的棱面交线即可。两个五棱柱均为棱面相交，底面没有参与相交。大五棱柱前面的两个棱面参与相交，小五棱柱上面的四个棱面参与相交，则相贯线为6条线段连成的空间折线（Ⅵ Ⅳ Ⅱ Ⅰ Ⅲ Ⅴ Ⅶ）。

　　大五棱柱左右放置，其侧面投影积聚为五边形，小五棱柱前后放置，其正面投影积聚为五边形。因此相贯线的正面投影和侧面投影为已知（6′4′2′1′3′5′7′ 和 6″4″2″1″3″5″7″），如图3-15c 所示；在正面投影中，由大五棱柱的 B 棱与小五棱柱上面两个棱面交点的正面投影 2′、3′可得到其水平投影 2、3；在侧面投影中，由小五棱柱的 F 棱与大五棱柱的 AB 棱面交点的侧面投影 1″可得其水平投影 1；小五棱柱其余四条棱线与大五棱柱的 BC 棱面相交，该棱面为正平面，因此，四条棱线交点的水平投影 4、6、5、7 可直接求出；依次连接 4、2、1、3、5 点，得相贯线的水平投影，相交各棱面的水平投影均可见，故交线的水平投影可见。由于底部的两个水平棱面共面，因此，不能在水平投影的 6、7 点间画线。

【例 3-7】 试完成直立三棱柱与水平三棱柱的相贯线（图 3-16a）。

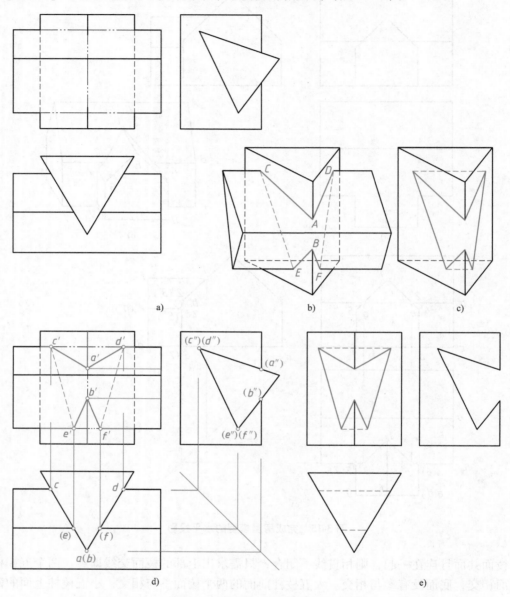

图 3-16　直立三棱柱与水平三棱柱相贯

解： 从水平投影和侧面投影可以看出，两三棱柱都是部分贯入另一个三棱柱，此为互贯，相贯线应是一条空间折线。因为直立三棱柱的水平投影有积聚性，所以相贯线的水平投影必然积聚在直立三棱柱左右两棱面与水平三棱柱相交的部分；同理，水平三棱柱的侧面投影有积聚性，所以相贯线的侧面投影重合在水平三棱柱三个棱面与直立三棱柱相交的部分，即相贯线的两个投影已知，只需求出正面投影即可。

直立三棱柱的前棱线和水平三棱柱的两条后棱线参与相交（图 3-16b），其余棱线未参与相交，每条棱线与棱面有两个交点，即相贯线上总共有六个顶点，求出这些顶点便可连成相贯线。

在侧面投影上，可确定直立三棱柱前棱线的两个交点的投影 a''、b''（图 3-16d）；在水平投影上，可确定水平三棱柱的两条后棱线交点的投影 c、d、e、f；由此可求得六个交点的正面投影。

依次连接同一个表面内的交点，在正面投影中，直立三棱柱参与相贯的两棱面均可见，水平三棱柱两个前棱面可见，则 $c'a'd'$ 和 $e'b'f'$ 的交线可见；水平三棱柱后棱面的正面投影不可见，故该棱面上交线 $c'e'$ 和 $d'f'$ 的正面投影不可见。补全参与相贯的各棱线投影，描深图线（图 3-16d）。

如果抽出水平三棱柱，则相当于直立三棱柱被三个平面切割出了一个槽口（图 3-16c），槽口相贯线的作图方法与图 3-16d 中的完全相同，所不同的是槽口内不可见的棱线应画成虚线（图 3-16e）。

■ 3.3　轴测投影原理及平面立体的轴测图画法

3.3.1　轴测投影的形成及特性*

多面正投影图可以完全确定物体的形状及其各部分的大小，而且作图简便，故在工程中被广泛地采用。但是这种图立体感较差，不易理解，这是因为多面正投影法中的投射方向总是与形体的某一主要方向一致，所以每一个投影只能反映出形体上两个方向的尺寸。如图 3-17a 所示，正面投影只反映了形体的长和高；水平投影只反映了形体的长和宽；侧面投影只反映了形体的高和宽。如果能在形体的一个投影上同时反映出形体的长、宽、高三个方向的尺寸，如图 3-17b 所示，则这样的投影就具有立体感了。

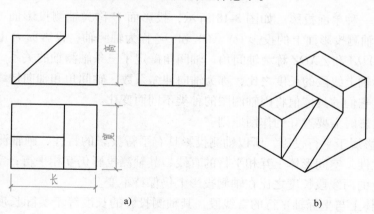

a)　　　　　　　　　　　　　　b)

图 3-17　多面正投影图和轴测投影图

为此，可以选用一个不平行于任一坐标面的方向为投射方向，将形体连同确定该形体各部分位置的直角坐标系一起投射到同一个投影面 P 上（图 3-18），这样得到的投影就能同时反映出形体三个方向的尺寸。P 投影面为轴测投影面，形体在 P 投影面上的投影称为该形体的轴测投影，也称轴测图，这种投影方法即为轴测投影法。

根据投射方向的不同，轴测投影分成以下两类：*

1. 正轴测投影

投射方向垂直于投影面时所得到的轴测投影称为正轴测投影。如图 3-18a 所示，使坐标系的三条坐标轴 O_1X_1、O_1Y_1 和 O_1Z_1 都与轴测投影面 P 倾斜，然后用正投影法将形体连同坐标系一起投射到 P 投影面上，即得到此形体的正轴测投影。

2. 斜轴测投影

投射方向倾斜于投影面时所得到的轴测投影称为斜轴测投影。如图 3-18b 所示，通常使轴测投影面 P 平行于 $X_1O_1Z_1$ 坐标面，即平行于形体上包含长度和高度方向的表面，而使投射方向倾斜于 P，即得到此形体的斜轴测投影。在斜轴测投影中也可以使投影面 P 平行于 $X_1O_1Y_1$ 坐标面，即平行于形体上包含长度和宽度方向的表面。

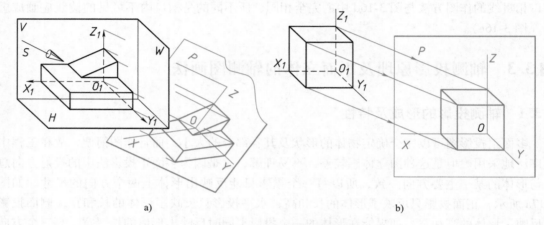

图 3-18　正轴测投影和斜轴测投影

轴测投影是一种单面投影。如图 3-18 所示，投影面 P 称为轴测投影面，坐标轴 O_1X_1、O_1Y_1 和 O_1Z_1 在轴测投影面上的投影 OX、OY 和 OZ 称为轴测轴，投影面 P 上轴测轴之间的夹角 $\angle XOY$、$\angle YOZ$ 和 $\angle XOZ$ 称为轴间角，轴间角确定了三条轴测轴的关系，轴测轴上线段与相应的原坐标轴上线段的长度之比，称为轴向伸缩系数。轴间角和轴向伸缩系数是画轴测图的两大要素，它们的具体值将因轴测图的种类不同而变化。

绘制轴测投影时需要遵守的作图原则：★

1）轴测投影属于平行投影，所以轴测投影具有平行投影的特性，画轴测投影时必须保持平行性、定比性。空间形体上互相平行的直线，其轴测投影仍互相平行；空间互相平行的或同在一直线上的两线段长度之比在轴测投影上仍保持不变。

2）空间形体上与坐标轴平行的直线段，其轴测投影的长度等于实际长度乘上相应轴测轴的轴向伸缩系数，即沿着轴的方向需按比例截量尺寸。其他不与坐标轴平行的直线，由于伸缩系数不同，故不能沿它按确定的比例截量尺寸，画图时只能通过坐标定点的方法作出其两端点后才能画出该直线的轴测投影。这就是只能沿轴测量的原则。

3.3.2　工程上常用的轴测图★

1. 正轴测图

在正轴测投影中，坐标轴对轴测投影面的倾斜角决定了轴间角和轴向伸缩系数。当三条坐标轴的倾角取成相等时，三个轴间角和三个轴向伸缩系数也相等。可以证明，此时的轴间角均为120°，各轴向伸缩系数均约为0.82（图3-19a）。这种正轴测投影为正等轴测投影（正等轴测图）。

改变坐标轴对轴测投影面的倾斜角，就会得到另外的轴间角和轴向伸缩系数。当有两条坐标轴对轴测投影面的倾斜角相等而第三条不等时，就有两个轴向伸缩系数相等而另一个不等，所画的轴测图为正二轴测图（图3-19c）；若三个轴向伸缩系数均不相等，这样画出的轴测图为正三轴测图。

正等轴测图作图相对比较简便，且有较好的图示效果，所以是最常用的一种轴测图。画图时通常把OZ轴画成竖直的，OX轴和OY轴则画成与水平方向成30°角，为使作图简便，通常还把各轴的轴向伸缩系数简化为1（图3-19b），称为简化轴向伸缩系数，这样画出的轴测图形状未变，只是比真实的轴测图放大了约1.22倍。今后画正等轴测图时一般均采用简化伸缩系数，以避免作乘法运算。

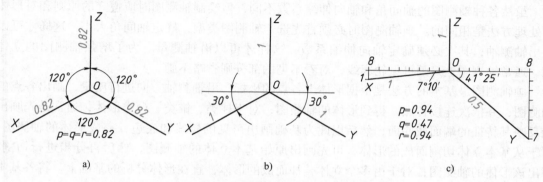

图3-19　正轴测投影的轴间角和轴向伸缩系数

2. 斜轴测图

在斜轴测投影中，通常是令$X_1O_1Z_1$坐标面平行于轴测投影面，这样，不论投射方向如何倾斜，轴测轴OX和OZ总是成直角，且它们的轴向伸缩系数均为1，即一切平行于$X_1O_1Z_1$坐标面的图形在斜轴测投影中均反映实形。而OY轴的方向及轴向伸缩系数则视投射方向的不同而自由改变，此为正面斜轴测投影。当OY轴的轴向伸缩系数取成1时，三个轴向伸缩系数全都相等，画出的轴测图为斜等轴测图。

当OY轴的轴向伸缩系数取成0.5或0.7或其他的非1值时，画出的轴测图为斜二轴测图（图3-20a）。为了便于作图，可取OY轴与水平成45°、30°或60°角（图3-20b），其轴向伸缩系数取0.5，此时的斜二轴测图视觉效果较好，作图也比较简便，所以它也是常用的一种轴测图。

如果选取$X_1O_1Y_1$坐标面平行于轴测投影面，所得到的轴测投影称为水平斜轴测图，轴测轴OX和OY成直角，它们的轴向伸缩系数均为1，即平行于$X_1O_1Y_1$坐标面的图形在斜轴测投影中均反映实形，作图时常取OZ轴为竖直方向，轴间角$\angle XOZ = 120°$，轴间角$\angle YOZ = 150°$，OZ轴的轴向伸缩系数取0.5时为水平斜二轴测图，取1时为水平斜等轴测图（图3-20c），此类轴测图常用于表现建筑物平面规划的立体效果。

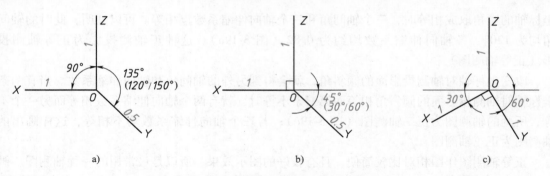

a)   b)   c)

图 3-20　斜轴测投影的轴间角和轴向伸缩系数

3.3.3　平面立体轴测图的画法

虽然各种轴测图的轴间角和轴向伸缩系数不同，但绘制轴测图时应遵守的原则和对形体的处理方法是相同的。画轴测图时必须首先选定轴测图类型，确定轴间角大小，这样才可以画出轴测轴；其次必须确定轴向伸缩系数，这样才可以沿轴测量。为了增强轴测图的立体感，通常轴测图上只画可见轮廓线，对看不见的部分则省略不画。

画轴测图最基本的方法是根据形体上各点的坐标，沿轴测轴方向进行度量，画出各点的轴测图，并依次连接各点，得到形体的轴测图；对于柱类、锥类、台类形体，通常是先画出能反映其特征的端面或底面，然后以此为基础画出可见的棱线和底边，完成形体的轴测图；对于从基本立体切割而成的形体，可先画出原始基本立体的轴测图，然后再分步进行切割，得出该形体的轴测图；对于由多个立体叠加而成的形体，宜在形体分析的基础上，将各基本体逐个画出，最后完成整个形体的轴测图。

【例 3-8】　画出图 3-21a 所示三棱锥的正等轴测图。

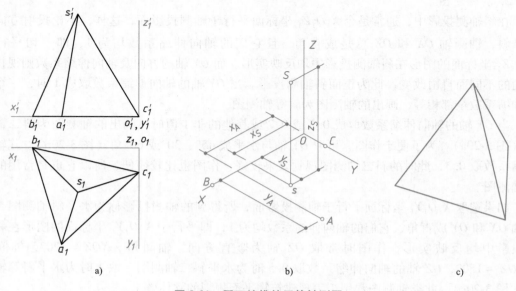

a)   b)   c)

图 3-21　画三棱锥的正等轴测图

解： 在图 3-21a 中，设定三棱锥的坐标系为 $O_1\text{-}X_1Y_1Z_1$，从而可确定三棱锥上各点 S、A、B、C 的坐标值。为作图方便起见，使 $X_1O_1Y_1$ 坐标面与锥底面重合，O_1X_1 轴通过 B 点，O_1Y_1 轴通过 C 点。作图方法如图 3-21b 所示，画出正等轴测图的轴测轴；沿轴向截量每个点的三个坐标，定出各点；连线，并描深可见的棱线和底边，如图 3-21c 所示。

【例 3-9】 画出图 3-22a 所示正六棱柱的正等轴测图。

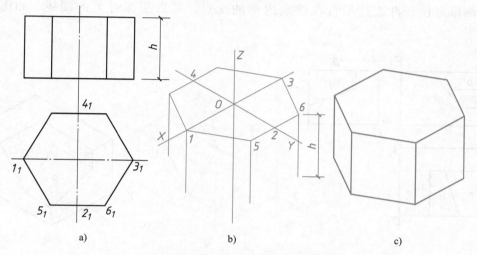

a)   b)   c)

图 3-22   画正六棱柱的正等轴测图

解： 该正六棱柱前后、左右对称，选定棱柱的坐标原点在顶面中心；画出正等轴测图的轴测轴；根据顶面各顶点的坐标，画出顶面的正等轴测图（图 3-22b），顶面的六个边中，只有平行于 X 轴的前后两个边画图时可以直接量取长度，其他四个边不与坐标轴平行，必须通过先确定端点的方法才能画出它们；过顶面各顶点沿 Z 轴方向画出互相平行的棱线，在棱线上截出棱柱的高度；连接各点即为下底面；最后描深可见图线，如图 3-22c 所示。

【例 3-10】 画出图 3-23a 所示棱柱体的斜二轴测图。

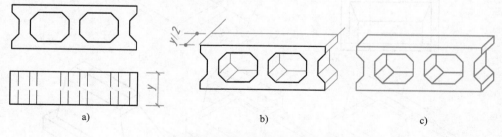

a)   b)   c)

图 3-23   画棱柱体的斜二轴测图

解： 该棱柱体的前、后端面互相平行，形状相同，因此设定坐标系时可使前端面与坐标面 $X_1O_1Z_1$ 重合，这样前、后端面的斜二轴测投影形状不变。作图过程如图 3-23b 所示，在斜二轴测图的 XOZ 内画出前端面的实形（与正面投影相同），过前端面各顶点作 OY 轴（取 45°方向）的平行线，在这些平行线上量取棱柱体厚度的一半得后端面上的各顶点，连接各点，最后描深可见的图线，如图 3-23c 所示。

【例3-11】 绘制图3-24a所示立体的正等轴测图。

解： 该立体可以看成是长方体被切去某些部分后形成的，共有三个切割平面：P为正平面、Q为正垂面、R为侧垂面。画轴测图时，可先画出完整的长方体，再画切割部分。

选定立体的坐标原点和坐标轴（图3-24a），画出正等轴测图的轴测轴和完整长方体的轴测图（图3-24b），分别在长方体表面上确定P、Q、R面的切割位置，务必注意沿轴的方向测量定位，再通过平行性确定内部的交点，最后描深可见的图线，如图3-24c所示。

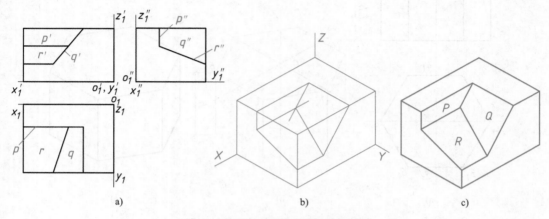

图3-24　画切割式平面体的正等轴测图

【例3-12】 画出图3-25a所示立体的正等轴测图。

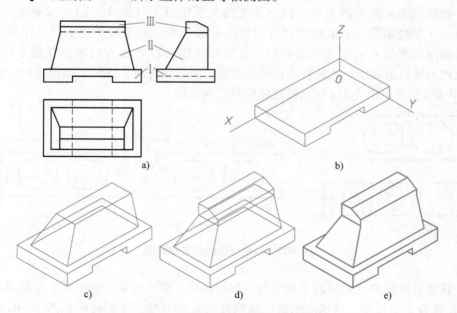

图3-25　叠加法画立体的正等轴测图

解： 该立体可以看成是由三部分叠加而成的（图3-25a）：Ⅰ为水平放置的矩形板（底部有前后贯通槽），Ⅱ为在Ⅰ上面放置的梯形平面体，Ⅲ为在Ⅱ上面横放的五棱柱（接触面与Ⅱ的顶面大小一样）。作图过程：选定立体的坐标原点和坐标轴，先画出底板Ⅰ的轴测图（图3-25b），再分别画出Ⅱ、Ⅲ的轴测图（图3-25c、d），最后描深图形，如图3-25e所示。

【例3-13】　画出图3-26a所示建筑形体的水平斜等测。

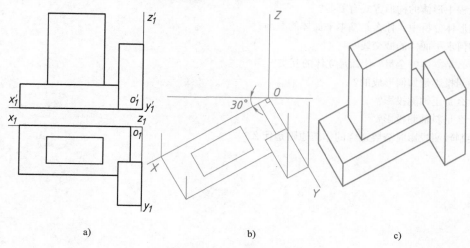

| a) | b) | c) |

图3-26　建筑形体的水平斜等测

解：根据已知的两面投影选定建筑形体的坐标原点和坐标轴（图3-26a）；画出水平斜等测的轴测轴（图3-26b）；画出水平投影的水平斜等测；过各顶点作竖直线（OZ轴方向），向上截量各立体的高度，画出各立体的水平斜等测，最后描深可见的部分，如图3-26c所示。

3.3.4　轴测草图

轴测草图也称轴测徒手图，是不使用绘图仪器，用目测、徒手画出的轴测图（图3-27）。轴测图能更好地表达物体的空间立体状态，能较直观地说明问题，在很多场合会使用到徒手绘制轴测图。轴测草图可以在空间思维过程中起到辅助作用，是表达设计思想、快速记录形体造型和指导工程施工的很有用的工具。绘制轴测草图时除了要掌握轴测投影原理以外，还应注意物体的平行关系在图中的表现，这些平行关系在轴测图中是不会改变的。

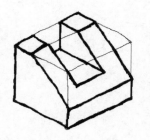 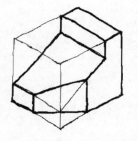 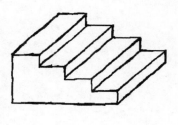

图3-27　平面立体轴测草图

思 考 题

1. 什么是正棱柱？什么是正棱锥？
2. 工程中形体的构形方式有哪些？
3. 在形体分析中，什么是基本平面体的叠加？
4. 如何求平面体的截交线？
5. 什么是立体的全贯？什么是立体的互贯？
6. 轴测投影是如何形成的？
7. 什么是正轴测投影？
8. 什么是斜轴测投影？
9. 绘制轴测投影时需要遵守的作图原则是什么？

第4章

曲面和曲面立体的投影

本章导学 曲线、曲面与直线、平面一样，也是构成物体表面形状及其轮廓线的几何元素。任何复杂的立体，都可以看成是由基本立体经叠加、切割、相交等方式组合而成，基本立体可分为平面立体（见第3章）和曲面立体两大类，表面由曲面或曲面与平面所围成的立体，称为曲面立体，如圆柱、圆锥、球等。本章依次介绍了曲线的形成及其投影画法，曲面的形成及其表示法，基本曲面立体的表示法，以及有关基本曲面立体截切、相贯的投影作图，最后介绍带曲表面的立体轴测图的作图方法。通过本章的学习和作业实践，学生应掌握曲线曲的形成和投影的表达，以及基本曲面立体的投影和表面定点的方法，养成空间思维的习惯，为后续理解更加复杂的组合体投影的学习打下基础。

本章基本要求：

1）掌握常用曲线和曲面的形成规律、几何性质及投影特性，能够正确地画出圆柱、圆锥、球等基本曲面立体的三面投影图。

2）学会分析平面与曲面立体相交所得截交线的形状，并掌握截交线投影的作图方法（切割平面只限于特殊面）。

3）学会分析两曲面立体相交所得相贯线的形状，并掌握相贯线的投影作图方法（两曲面立体中有一个是具有积聚投影的圆柱）。

4）掌握带曲表面立体的轴测图画法。

■ 4.1 曲线的投影*

工程结构物的内外表面中存在各种曲线与曲面，如土木工程中常见的圆柱、壳体屋盖、涵洞、拱坝、隧道洞身以及设备管道等。掌握曲线的形成和图示方法，对进一步研究曲面和曲面立体的投影特性有很大的帮助。

4.1.1 曲线的形成与分类

曲线是一个动点不断改变运动方向连续运动的轨迹，如图4-1a所示。

根据点的运动有无规律，曲线可以分成规则曲线和不规则曲线。

根据曲线上各点的相对位置，曲线可分为平面曲线和空间曲线。平面曲线上所有点都在

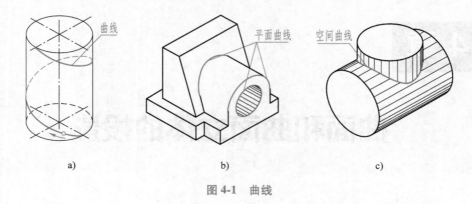

图 4-1 曲线

同一平面内，例如圆、椭圆、抛物线、双曲线等，如图 4-1b 所示。空间曲线上连续四个点不在同一平面上，如圆柱螺旋线，如图 4-1a 所示。一般情形下两个曲表面的交线是空间曲线，如图 4-1c 所示。

4.1.2 曲线的投影特性

曲线的投影一般仍为曲线，因为通过曲线上各点的投影线形成一个垂直于投影面的曲面，该曲面与投影面的交线为曲线，如图 4-2 所示。由于曲线是点的集合，所以画出曲线上一系列点的投影，并以曲线光滑连接，就得到该曲线的投影。作图时为了能准确地控制好曲线投影的形状，应把曲线上的一些特殊点（如曲线的端点、转向点、最高或最低点等）的投影画出来。

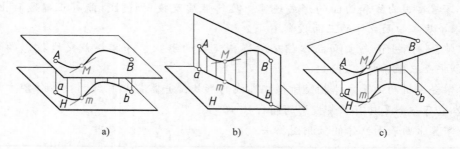

图 4-2 平面曲线的投影特性

当平面曲线所在的平面平行于投影面时，曲线在该投影面上的投影反映实形，如图 4-2a 所示；当平面曲线所在的平面垂直于投影面时，曲线在该投影面上的投影积聚成一条直线，如图 4-2b 所示；当平面曲线所在平面倾斜于投影面时，其投影是变了形的曲线，如图 4-2c 所示。在第三种情形中，对于二次曲线来说其投影仍为同类的二次曲线，如圆和椭圆的投影为椭圆，抛物线的投影仍为抛物线，双曲线的投影仍为双曲线等。

过曲线上任一点的切线投影，必与曲线的投影相切于该点的同面投影，如图 4-2 中与曲线相切于点 M 的直线，其水平投影与曲线的水平投影相切于点 m。

【例 4-1】 已知圆位于铅垂面 P 内，圆心为 $O(o, o')$ 点，直径为 D，如图 4-3a 所示，试作出该圆的正面投影。

解：根据圆平面对投影面的倾斜状态，圆的投影有可能是等大的圆、长度等于圆的直径的线段或长轴长度等于圆直径的椭圆，如图 4-3d 所示。

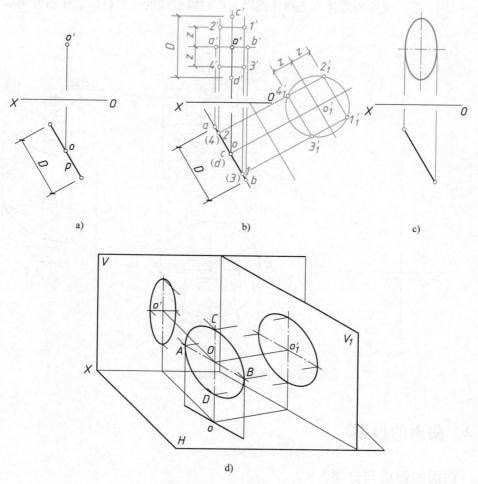

图 4-3 圆的投影*

　　题中圆的水平投影为倾斜直线段，长度为直径。可知圆的正面投影为椭圆，其长轴是圆内铅垂线直径的正面投影 $c'd'$（图 4-3b）；短轴垂直于长轴，是圆内水平线直径的正面投影，短轴端点 $a'b'$ 根据水平投影 ab 确定（图 4-3b）。为了完整地画出正面投影椭圆，必须求出属于椭圆上的若干一般点，作出圆的辅助投影使其反映实形（图 4-3b），在辅助投影上取圆上的 4 个点，反求出这 4 个点的正面投影，即为椭圆上的点。最后以光滑曲线连接各点，即得正面投影椭圆。图 4-3c 所示为作图结果。

　　动点绕圆柱轴线作匀速旋转，同时又沿圆柱轴线方向作匀速移动，动点的运动轨迹即为圆柱螺旋线，如图 4-4c 所示。圆柱螺旋线是工程中常用的空间曲线。动点旋转一周沿轴线方向移动的距离称为导程，螺旋线有右旋螺旋线和左旋螺旋线之分。

　　【例 4-2】　已知右旋螺旋线的轴线为铅垂线 O，动点的起点为 $M(m，m')$ 点，导程为 h，如图 4-4a 所示，试作出该右旋螺旋线的两投影。

　　解：水平投影 om 确定了螺旋半径，螺旋线的水平投影重合在圆周上，把圆周 12 等分，在正面投影中把导程 h 也 12 等分，过水平投影中圆周上各等分点可求出其对应的正面投影 $1'$、$2'$、$\cdots$、$12'$ 等，把这些点连成光滑曲线即为圆柱螺旋线的正面投影。作图方法示于图 4-4b 中。

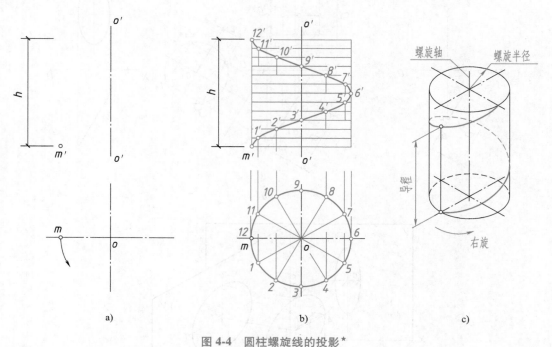

a)　　　　　　　b)　　　　　　　c)

图 4-4　圆柱螺旋线的投影*

■ 4.2　曲面的投影

4.2.1　曲面的形成与分类*

　　曲面是一条运动的线在一定的约束条件下连续运动的轨迹。如图 4-5 所示，产生曲面的动线（直线或曲线）称为母线；曲面上任一位置的母线称为素线；控制母线运动的线、面分别称为导线、导面，图 4-5b 中直线 T、曲线 C 分别称为直导线和曲导线。

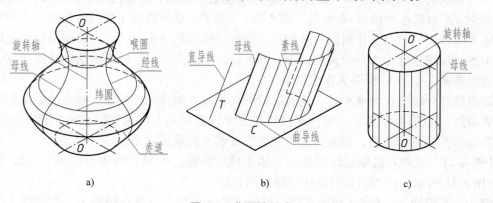

a)　　　　　　　b)　　　　　　　c)

图 4-5　曲面的形成

曲面有规则曲面和不规则曲面之分，本章只讨论规则曲面。

按母线的形状可分为直纹曲面和非直纹曲面，由直线作母线运动生成的曲面为直纹面。只能由曲线作母线运动生成的曲面为曲线面，如球面、圆环面，在曲线面上是作不出直线的。

按曲面能否展开成平面可分为可展曲面和不可展曲面。可以展开成平面的曲面。称为可展曲面；而不能展开成平面的曲面，则称为不可展曲面。可展曲面展开成平面的图形，称为展开图。

按曲面能否由母线旋转而形成可分为旋转面和非旋转面。由直母线旋转生成的为旋转直纹面（图4-5c），只能由曲母线旋转生成的为旋转曲线面（图4-5a）。在旋转过程中，母线上任一点的运动轨迹是圆，称之为纬圆（纬线），纬圆所在的平面垂直于旋转轴，圆心在旋转轴上。比相邻两侧都大的纬圆称为赤道，比相邻两侧都小的纬圆称为喉圆。在旋转曲线面中过旋转轴的平面称为径面，径面与曲面的交线称为经线。

同一种曲面可以由不同的方法生成。例如，圆柱面（图4-5c）可以由直母线绕着与其平行的轴旋转生成，也可以由圆沿着轴线方向平移生成。

4.2.2　曲面投影的表示方法*

在投影图上表示一个曲面，需画出曲面的外形轮廓投影（图4-6a）。作投影时与曲面相切的投射线形成了投射柱面，投射柱面与曲面相切的部分称为曲面在该投射方向下的外形轮廓线（图4-6b），简称外形线。投射柱面与投影面的交线，即曲面外形轮廓线的投影，在投影图上只画出外形轮廓线对应投影面上的投影，轮廓线的其他投影不画。不同的投射方向，曲面有不同的外形线，并且外形线通常也是曲面在该投射方向下可见与不可见的分界线。图4-6所示为球面的投影，每个投射方向都有各自的外形轮廓大圆，每个轮廓大圆都把球面分为可见与不可见的两半部分。三面投影图上的三个投影都是圆，但它们是不同轮廓大圆的投影，并非同一圆的三投影。

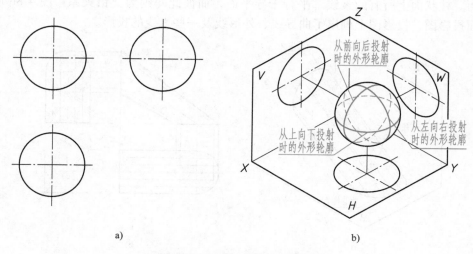

图 4-6　曲面投影的表示方法

为了表示曲面，有时也画出曲面上有规律分布的若干条素线或曲面网格来表示曲面。

4.2.3 常见曲面的投影

1. 柱面

柱面是直纹曲面，直母线沿着一条曲导线 C 运动，且始终保持与固定方向 T 平行，这样形成的曲面称为柱面，如图 4-7a、b 所示。由柱面的形成过程可知，柱面上的所有素线都互相平行，所以在投影图上画出了外形线就相当于指明了母线运动时的固定方向 T。

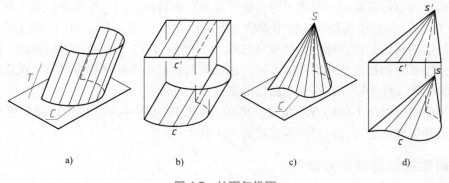

图 4-7　柱面与锥面

2. 锥面

锥面是直纹曲面，直母线通过定点 S 且沿着一条曲导线 C 运动，这样形成的曲面称为锥面，如图 4-7c、d 所示，定点 S 称为锥顶，锥面上的所有素线都通过它。在投影图上表示锥面应画出锥顶和曲导线的投影及各投影的外形线。

3. 柱状面

柱状面是直纹曲面，直母线沿着两条曲导线运动，且始终平行于导平面，这样形成的曲面称为柱状面。图 4-8a 所示为以水平圆和侧平圆为两条曲导线，以 V 投影面为导平面形成的柱状面。柱状面上所有的素线都平行于导平面，而彼此间则为交错关系。图 4-8b 所示为它的三面投影图，投影图上画出了曲导线、外形线及一些素线的投影。

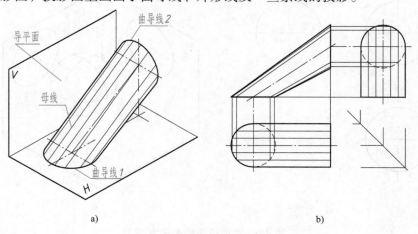

图 4-8　柱状面

4. 锥状面

锥状面是直纹曲面，直母线沿着一条直导线和一条曲导线移动，且始终平行于导平面，这样形成的曲面称为锥状面。图 4-9a 所示为以曲线 *AB* 为曲导线，直线 *CD* 为直导线，以 *V* 面为导平面形成的锥状面。锥状面上所有的素线都平行于导平面，而彼此间为交错关系。图 4-9b 所示为它的三面投影图，投影图上画出了两条导线和一些素线的投影。

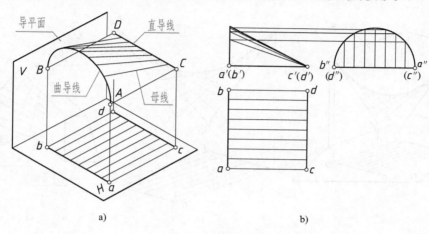

图 4-9　锥状面

5. 螺旋面

螺旋面是直纹曲面，直母线与轴线保持一定角度，以圆柱螺旋线及其轴线为导线移动形成的曲面称为螺旋面。若直母线与轴线正交，则形成的是平螺旋面（直螺旋面或正螺旋面），如图 4-10a 所示。若直母线与轴线斜交，则形成的是斜螺旋面。平螺旋面也是锥状面，它的导平面是轴线的垂直面。图 4-10b 所示为平螺旋面的两面投影图，投影图上画出了一些水平素线的投影。

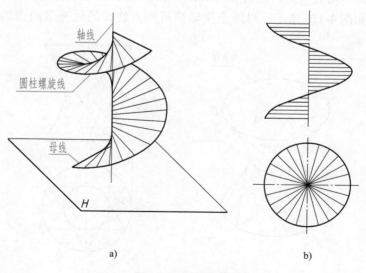

图 4-10　平螺旋面

6. 双曲抛物面

双曲抛物面是直纹曲面，直母线沿着两条交错直导线 *AB*、*CD* 移动，且始终平行于导平面 *P*，这样形成的曲面称为双曲抛物面，如图 4-11a 所示。双曲抛物面上的所有素线都平行于导平面，彼此间则为交错关系。图 4-11b 所示为双曲抛物面的两面投影图，图上画出了导线和若干素线的投影，正面投影上双曲抛物面的外形线为素线的包络线，其为抛物线。

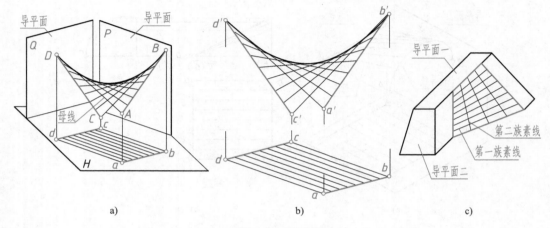

图 4-11　双曲抛物面

双曲抛物面上有两族素线，在图 4-11a 中若以 *AB* 为母线，以交错直线 *AD* 和 *BC* 为直导线，以平面 *Q* 为导平面，可以形成同一个双曲抛物面。每一条素线与同族的素线均不相交，而与另一族的所有素线均相交。图 4-11c 所示为一双曲抛物面护坡，图上画出了双曲抛物面的两族素线及其对应的导平面。

7. 单叶旋转双曲面

单叶旋转双曲面是直纹曲面，直母线绕着一条与其交错的轴线旋转，形成的曲面称为单叶旋转双曲面，如图 4-12a 所示。母线上距轴最近的点旋转的轨迹是曲面的喉圆。图 4-12b

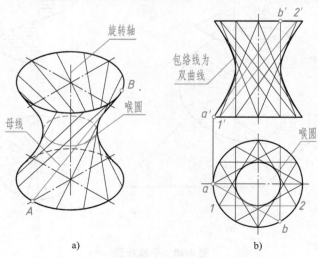

图 4-12　单叶旋转双曲面

画出了铅垂轴线时单叶旋转双曲面的素线和外形线的两面投影图，正面投影上的外形线是为双曲线，为各素线正面投影的包络线。与双曲抛物面一样，单叶旋转双曲面上也有两族直素线，每条素线与同族素线都不相交，而与另一族的所有素线均相交。

8. 球面

　　球面是由圆绕自身的任一直径旋转生成的曲线面，如图 4-13a 所示。球面任意方向的正投影都是圆，圆的直径等于球面的直径。图 4-13b 所示为球面的三面投影图，各投影上的圆是球面上平行于该投影面的外形轮廓大圆的投影，轮廓大圆对应的其他两个投影为反映直径长度的水平或竖直线段，它们位于过球心投影的水平或竖直中心线上，不再画线表示。

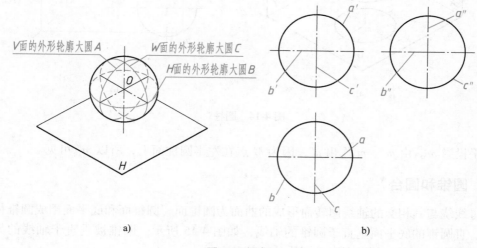

图 4-13　球面

■ 4.3　曲面立体的投影

　　由曲面或曲面与平面围成的立体为曲面体。常用的基本曲面体有圆柱、圆锥、圆台、球、环等。

4.3.1　圆柱*

　　直母线绕与其平行的轴线回转而形成的曲面为圆柱面，两个底平面和圆柱面围成圆柱体，简称圆柱，如图 4-14a 所示。直圆柱的底平面垂直于轴线。图 4-14b 所示为轴线为铅垂线圆柱的三面投影图，其水平投影是个圆，为圆柱面的积聚投影，圆柱的正面投影和侧面投影是两个相同的矩形，矩形的水平边是上、下底面的积聚投影，正面投影的左右两竖直边是圆柱面的最左、最右外形轮廓线（轮廓素线）的投影，其侧面投影重合在轴线投影的位置，不再画线表示。同理，侧面投影的左右两竖直边是圆柱面的最后、最前外形轮廓线的投影，其正面投影重合在轴线投影的位置，也不再画线表示。

　　【例 4-3】　已知圆柱面上点 M 的正面投影 m'，如图 4-14b 所示，求作点 M 的其余两投影。

　　解：由于 m' 可见，所以 M 点位于前半圆柱面上，利用圆柱面的水平投影有积聚性，可

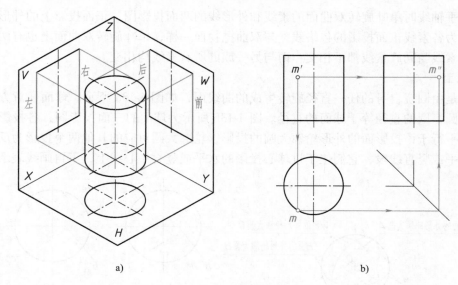

a)　　　　　　　　　　　　　　　　b)

图 4-14　圆柱＊

作出水平投影 *m*。由 *m'*、*m* 作出 *a"*，因为 *M* 点在左半圆柱面上，所以 *m"* 可见。

4.3.2　圆锥和圆台＊

　　直母线绕与其相交的轴线回转而形成的曲面为圆锥面，圆锥面和底平面围成圆锥体，简称圆锥，直圆锥的底平面垂直于圆锥的轴线，如图 4-15 所示。圆锥被垂直于轴线的另一平面截去锥顶得到圆台，所以圆台是圆锥的一部分。

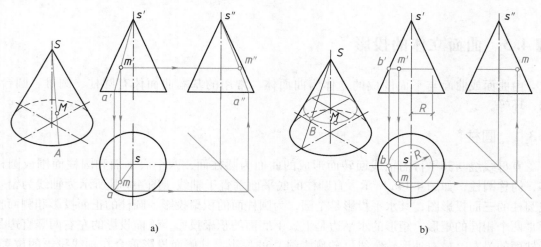

a)　　　　　　　　　　　　　　　　b)

图 4-15　圆锥

　　图 4-15 所示为铅垂轴线圆锥的三面投影图，水平投影上的圆是底圆的投影，圆心是锥顶的投影，圆周内的整个区域是圆锥面的部分。正面投影和侧面投影是两个相同的等腰三角形，三角形的底边是圆锥底面的积聚投影，三角形的其余边线是圆锥面不同投射方向的外形线，其中正面投影上的左右两边线是圆锥面的最左、最右外形轮廓线（轮廓素线）的投影，

其水平投影重合在圆的水平中心线上，对应的侧面投影重合在轴线投影位置上；侧面投影中的左右两边线是圆锥面的最后、最前外形轮廓线的投影，其水平投影重合在圆的竖直中心线上，对应的正面投影重合在轴线投影位置上。

【例4-4】 已知圆锥面上点 M 的正面投影 m'，如图 4-15 所示，试作点 M 的其余两投影。*

解：如图 4-15a 所示，根据 m' 可见，得点 M 在前半锥面上，过 m' 作一素线的正面投影，求出该素线的水平投影，由从属性可求出 m，它可见，根据 m、m' 即可求出 m''，由于点 M 在左半锥面上，故 m'' 为可见，图 4-15a 所示借助于圆锥面上素线定点的方法称为素线法。也可过点 M 作纬圆，并求出该纬圆对应的水平投影和侧面投影，求得点 M 的另两投影（图 4-15b），这种借助于圆锥面上纬圆定点的方法称为纬圆法。

4.3.3　球*

球面是封闭曲面，自身封闭形成球体，简称球。球的投影与球面的投影相同，各个投影都是相同大小的圆，如图 4-13 中球面的三面投影图。球面上定点、定线只能使用纬圆法。

■ 4.4　曲面立体的截切与相贯

4.4.1　截交线*

很多工程形体是由平面切割曲面体形成的。与前面平面截切平面立体类似，平面截切曲面立体，可以看作平面与立体表面相交或立体被平面截切，该切割平面称为截平面，截平面与立体表面的交线称为截交线，截交线所围成的平面图形称为断面。有些形体是由曲面体与平面体组合构成的，截交线的具体形状，与立体的表面类型及截平面的位置有关。图 4-16 所示为涵洞洞口和水渠闸门口中的截交线情形。

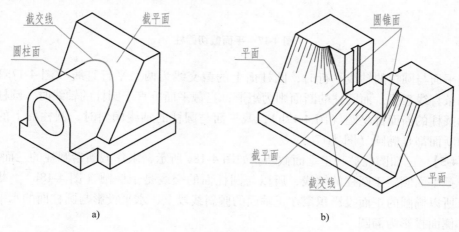

a)　　　　　　　　　　　　　b)

图 4-16　截交线

当截交线是曲线时，求截交线的投影应首先求出曲线上的一些点，然后连接各点画出截交线。为了控制好截交线的形状，求点时应首先求出曲线上的特殊点，如端点、顶点、外形轮廓线上的点、最左点、最右点、最前点、最后点、最高点、最低点、可见与不可见的分界点等，然后在连点较稀疏处或曲率变化较大处，根据需要再作一些截交线上的一般点。求截交线上点的方法，视被截表面的性质而定，当曲表面是直纹面时，可用求直素线与截平面的交点的方法获得截交线上的点，当曲表面是旋转面时，可用求纬圆与截平面的交点的方法获得截交线上的点。

4.4.2 平面截切圆柱*

当平面截切圆柱时，由于截平面与圆柱轴线的相对位置不同，得到的截交线形状也不同，如图 4-17 所示。

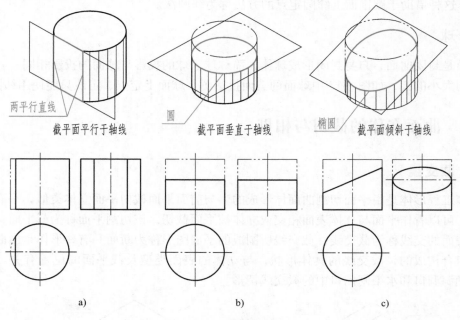

图 4-17　平面截切圆柱

当截平面与圆柱的轴线平行时，圆柱面上的截交线为两条平行直线（图 4-17a），即圆柱上的两条直线素线，而圆柱的断面则为矩形；当截平面垂直于圆柱的轴线时，圆柱面上的截交线和圆柱的断面都是圆（图 4-17b）；截平面与圆柱的轴线倾斜时，圆柱面上的截交线和圆柱的断面都是椭圆（图 4-17c）。

【例 4-5】　已知圆柱被一正垂面截断，如图 4-18a 所示，求作截断后圆柱的三面投影图。

解：截平面倾斜于圆柱的轴线，所以与圆柱面的交线是个椭圆（图 4-18b）。截平面是正垂面，所以椭圆的正面投影积聚在正垂面的倾斜线段上，水平投影与圆柱面的水平投影重合为圆，侧面投影为椭圆。

由图 4-18b 可知，最低点 A、最高点 B 是椭圆长轴两端点，也是圆柱最左最右素线上的点。最前点 C、最后点 D 是椭圆短轴两端点，也是位于圆柱最前最后素线上的点。A、B、C、D 的正面投影和水平投影可利用积聚性直接求得（图 4-18c），然后求得它们的侧面投影。

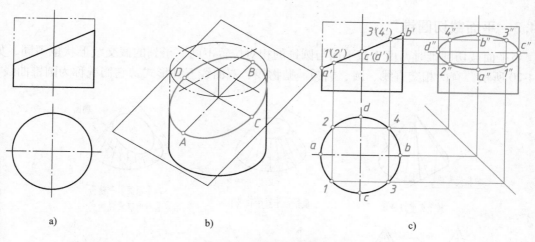

图 4-18　圆柱被平面截断

还需要再求一些椭圆上的中间点，在椭圆积聚的正面投影上取 1′、2′、3′、4′（图 4-18c），在水平投影上作出 1、2、3、4，然后求得侧面投影 1″、2″、3″、4″。将所求各点的侧面投影用光滑曲线连接起来，即得交线椭圆的侧面投影。最后进行整理修饰，由于圆柱的上部被截断，所以侧面投影上只将截交线及其以下部分描黑加深。

如果需要求出截断面的实形，可通过一次辅助投影将截断面变为投影面的平行面。

【例 4-6】 已知圆柱被三个平面切割，如图 4-19a 所示，求作其水平投影。

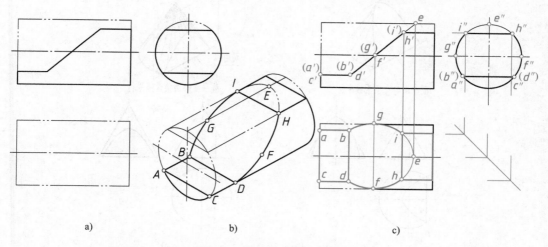

图 4-19　圆柱被三个平面切割

解： 圆柱被两个水平截平面和一个正垂面切割，水平截平面截圆柱面得两平行的素线，正垂截平面截圆柱面得椭圆弧（图 4-19b）。多个截平面切割立体，还应作出相邻截平面之间的交线，在本题中，左侧水平截平面和中间正垂截平面间交出一条正垂线 BD；右侧水平截平面和中间截平面间交出一条正垂线 IH；F、G 点是位于是圆柱最前最后轮廓素线上的点。作图时可利用圆柱侧面投影的积聚性直接求得各点的侧面投影。作图方法及步骤示于图 4-19c 中。

4.4.3　平面截切圆锥★

当平面截切圆锥时，由于截平面与圆锥的相对位置不同，得到的截交线形状也不同，如图 4-20 所示，有两相交直线、圆、椭圆、抛物线、双曲线五种形式，它们统称为圆锥曲线。

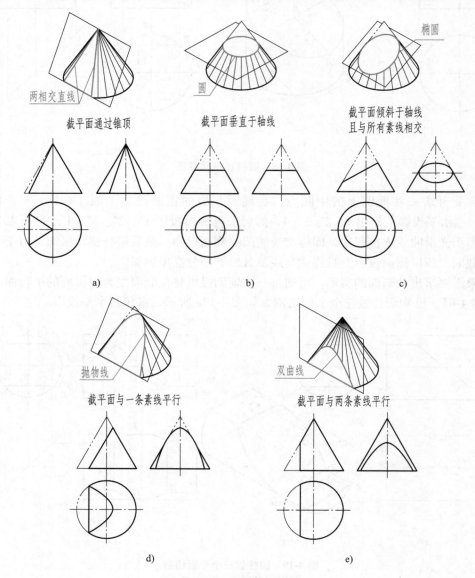

图 4-20　平面截切圆锥

【例 4-7】　已知圆锥被一正垂面切割，如图 4-21a 所示，求圆锥截断后的三面投影图。

解： 截平面与锥面轴线倾斜且与所有素线相交，所以交线为椭圆（图 4-21b）。首先画出完整圆锥的侧面投影；截平面为正垂面，椭圆的正面投影为截平面的积聚投影线段 $a'b'$；A、B 是椭圆的最低、最高点，是椭圆的长轴端点，也是圆锥面上最左、最右轮廓素线上的点，由 a'、b' 可作出 a、b 及 a''、b''（图 4-21c），它们是水平投影椭圆和侧面投影椭圆长轴的端点；C、D 是截交线椭圆的短轴端点，在正面投影上 c'、d' 位于 $a'b'$ 的中点处，用纬圆法可求出其余两投影 c、d 及 c''、d''，即得到水平投影椭圆和侧面投影椭圆的短轴的端点；$a'b'$ 与正面投影轴线的交点 e'、f' 是截交线椭圆的最前、最后轮廓素线上的点，作出其侧面投影 e''、f''，这两点是侧面投影椭圆与轮廓素线的切点和截切分界点；再求一些椭圆上的中间点，最后进行整理修饰，由于圆锥的上部被截断，所以侧面投影上只将截交线及其以下部分描黑加深（图 4-21c）。

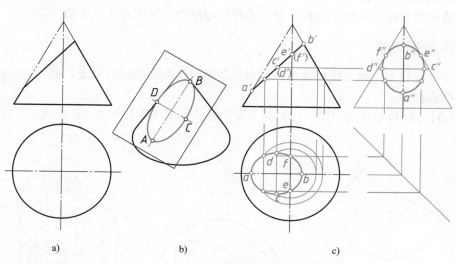

图 4-21 圆锥被平面截切

【例 4-8】 已知有缺口圆锥的正面投影，如图 4-22a 所示，求此圆锥的三面投影图。

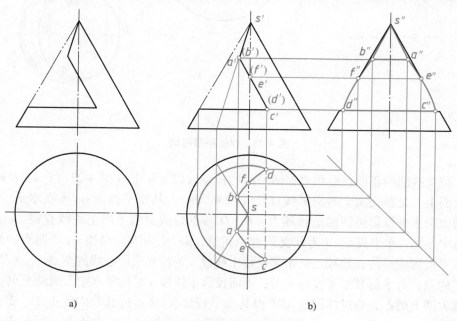

图 4-22 带缺口的圆锥

解：此圆锥的缺口是由三个平面截切而成，上面的截平面是正垂面，且通过锥顶，截交线是两条交于锥顶的直线 SA 和 SB（图 4-22b）；中间截平面也是正垂面，它与圆锥轴线倾斜，与圆锥最前最后轮廓素线相交于 E、F 两点，又与最右侧轮廓素线平行，截交线是抛物线的一部分；下面的截平面是垂直于圆锥轴线的水平面，截交线是圆的一部分。圆锥缺口部分的截交线是由直线、抛物线和圆弧组成，截平面间相交成两条正垂线 AB 和 CD（图 4-22b）。圆锥最前最后轮廓素线上 E、F 两点的侧面投影 e″、f″是抛物线侧面投影与轮廓素线的切点及轮廓素线的截断分界点。最后进行整理修饰，作图方法示于图 4-22b 中。

4.4.4 平面截切球*

平面与球面相交，截交线总是圆，根据截平面与投影面的倾斜状态，截交圆的投影可能是直线、圆或椭圆。

【例 4-9】 球被正垂面切割，已知其正面投影，如图 4-23a 所示，求作其水平投影。

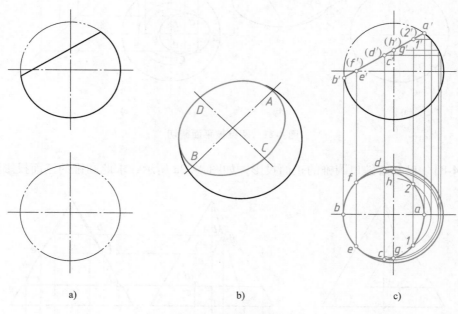

a)　　　　　　　　b)　　　　　　　　c)

图 4-23　球被平面截切

解：截交线圆的正面投影积聚在截平面的积聚线段 a′b′ 上（图 4-23c），A、B 两点在正平轮廓大圆上，是截交圆上的正平线直径（图 4-23b），其水平投影 a、b 在水平中心线上，它们是截交圆水平投影椭圆的短轴端点；C、D 两点是截交圆上的正垂线直径，c′、d′ 在线段 a′b′ 的中点处，水平投影 cd 为截交圆直径实长，即 cd=a′b′，可得 c、d 两点，它们也是截交圆水平投影椭圆的长轴端点；正面投影中线段 a′b′ 与水平中心线的交点 e′、f′ 为水平轮廓大圆上的点，可求得其水平投影 e、f；正面投影中线段 a′b′ 与竖直中心线的交点 g′、h′ 为侧平轮廓大圆上的点，通过纬圆法可求得其水平投影 g、h；再选取中间点 1′、2′，通过纬圆法可求得其水平投影 1、2；水平投影中 e、f 两点为水平投影轮廓大圆的截断点，也是其与截交线椭圆的切点。最后画出椭圆，进行整理修饰（图 4-23c）。

4.4.5　平面体与曲面体相贯*

平面体与曲面体交接，表面间产生交线，相贯线一般是由若干段平面曲线组合而成的，是由多条截交线组成的空间曲折线（图 4-24b），每两段曲线的交点是平面体棱线与曲面体表面的交点，称为贯穿点。但如果平面体上只有一个平面与曲面体相交，则交线是一条平面曲线。求作平面体与曲面体的相贯线，可归结为求曲面体的截交线和贯穿点问题。

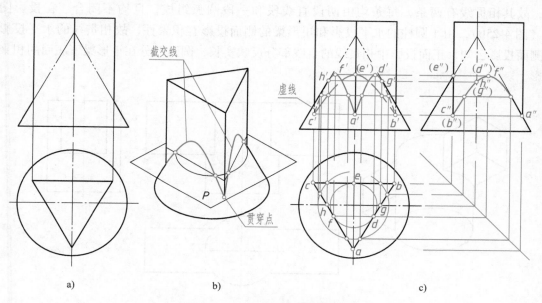

图 4-24　正三棱柱与圆锥相交

【例 4-10】　求作正三棱柱与圆锥表面间交线的三面投影（图 4-24a）。

解： 由图 4-24a 可知，相贯线是由三棱柱的三个棱面与圆锥面相交所形成的三条截交线组成，均为双曲线，三条棱线与圆锥面的三个贯穿点就是三段双曲线的结合点；相贯线的水平投影重合在三棱柱的棱面积聚投影上；三棱柱的后棱面为正平面，故该面的截交线在正面投影中反映实形，其侧面投影在棱面的积聚投影上；三棱柱另两个棱面为铅垂面，它们的截交线正面投影左右对称，侧面投影重合。

由于正三棱柱的底面中心在圆锥的轴线上，其三条棱线与圆锥面的贯穿点同高，前棱线与圆锥最前轮廓素线相交，贯穿点的侧面投影为 a''（图 4-24c），由此可得贯穿点所有投影 b''、c''、a'、b'、c'。

三条双曲线的水平投影在棱柱棱面的积聚投影上，双曲线的最高点为积聚投影的中点（图 4-24c），后棱面的侧面投影积聚，其与圆锥最后轮廓素线的交点即为双曲线顶点的侧面投影 e''，由此可得其他顶点的投影 e'、d'、f'，及 d''、f''。

在水平投影中，截交线积聚投影与水平中心线的交点 g、h 为圆锥正面投影最右最左轮廓素线上的点，由此可得 g'、h'、g''、h''。

用一个水平面 P 截切两立体，与圆锥的交线为纬圆，与三棱柱的交线为三角形，两交线的交点为相贯线上的点。在图 4-24c 中的水平投影上作圆锥的一个纬圆,由此可求得 6 个中间点。

依次光滑连接各点并判断可见性,在正面投影中,前半个锥面和三棱柱的前两个棱面可见,因此相贯线上 g'、h' 两点之前的相贯线为可见,之后的不可见,由于相贯线左右对称,其侧面投影中可见与不可见部分重合。最后进行整理修饰。

图 4-25 所示为矩形梁贯穿圆柱的情况,图中梁的上表面正好与圆柱的顶面平齐,无交线,故其相贯线有两条,每条均由两段直线段和一段圆弧组成,且均不闭合。在投影图中(图 4-25b),由于圆柱的水平投影和矩形梁的侧面投影有积聚性,故相贯线的水平投影和侧面投影已知,正面投影中相贯线的直线部分反映实长,圆弧部分在矩形梁下底面的积聚投影上。

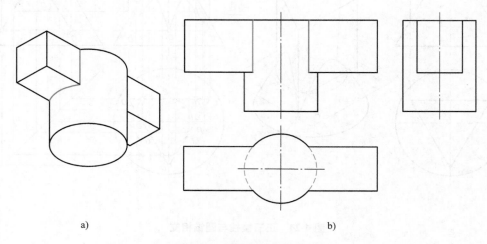

a)   b)

图 4-25 圆柱与矩形梁相贯

4.4.6 两曲面体或曲表面相交*

两曲面体相交,曲表面间的交线称为相贯线,一般情况下相贯线为封闭的空间曲线(图 4-26b),特殊情况下也可以是平面曲线或直线。相贯线是两曲面体表面的共有线,相贯线上的点是两曲面体表面的共有点。因此,求两曲面体相贯线的作图实质为求两表面共有点的问题。相贯线的形状不仅取决于相交两曲面体表面的几何形状,而且也与它们的相对位置有关。为了控制好所连曲线的形状,应特别求出相贯线上的一些特殊点,如位于轮廓素线上的点、可见与不可见的分界点、最低或最高点等。具体求共有点时可用表面定点法,或者用辅助平面法。

【例 4-11】 两直径不等的圆柱其轴线正交,试作出圆柱面间相贯线的投影(图 4-26a)。

解:竖直大圆柱的水平投影为一圆,它有积聚性,相贯线是柱面的共有线,其水平投影重合在此圆周上,但由于平放圆柱的直径较小,被最左、最右轮廓素线夹住的一段圆弧 15(图 4-26c)就是相贯线的水平投影;平放小圆柱的正面投影也是个圆,相贯线的正面投影重合在此圆周上,这相当于已经有了相贯线的水平投影和正面投影,只需作出它的侧面投

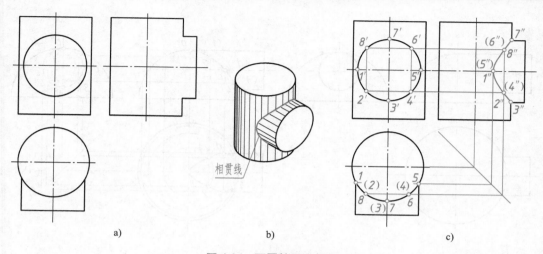

图 4-26　两圆柱正交相贯

影。例如，在正面投影的圆周上取一点 2′（图 4-26c），在水平投影的弧段 15 上作出 2 点，再由 2′、2 求出 2″点。如此作出相贯线上的一系列点的侧面投影，然后连成光滑曲线。

如果在圆柱上穿孔，如图 4-27 所示，则圆柱面间同样要产生交线，交线的求法与两实体圆柱相贯时相同。穿通的圆孔在圆柱的两侧都有交线，且在投影图上应画出圆孔内的轮廓素线（图 4-27c 中的虚线）。

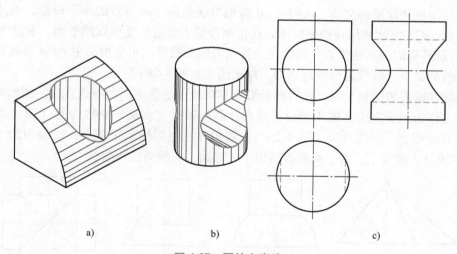

图 4-27　圆柱上穿孔

【例 4-12】　求作圆柱和半球体间交线的三面投影（图 4-28a）。

解：可以看出圆柱与半球体前后对称，整个圆柱与半球体的左侧相交，相贯线是一条闭合的空间曲线。由于圆柱体的侧面投影有积聚性，所以相贯线的侧面投影积聚在圆柱体的侧面投影圆上；又由于相贯线前后对称，所以相贯线的正面投影前后重影，即为一段曲线弧；相贯线的水平投影为一闭合的曲线。

求点时用辅助平面法，选取水平辅助平面切割两个立体，与圆柱面相交的截交线是直

95

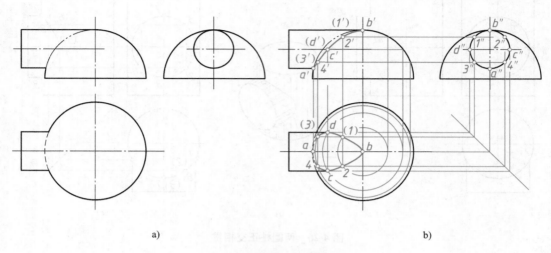

图 4-28　圆柱和半球体交接

线，与半球面的截交线是圆，直线与圆的交点即相贯线上的点（图4-28b），作图如下：

在正面投影上可定出相贯线的最低（最左）点投影 a' 和最高（最右）点的投影 b'，并求出其水平投影 a、b 和侧面投影 a''、b''；可以判断出相贯线的最前、最后点在圆柱的最前最后轮廓素线上，其正面投影在圆柱的轴线上，过轴线作辅助水平面，在水平投影上分别作出辅助面与圆柱和球面的交线，求得 c、d 为相贯线最前、最后点的水平投影，由此可以得 c'、d' 和 c''、d''。继续使用辅助平面法，在正面投影上合适位置作辅助平面，求得中间点 1、2、3、4，及其他们的其他投影。依次连接各点的同面投影，水平投影中 c、d 为相贯线可见与不可见的分界点。最后进行整理修饰，作图结果如图4-28b所示。

两曲面体或曲表面相交时，在特殊情形下相贯线可能是平面曲线或直线。例如两锥面共顶相交，交线为相交直线（图4-29a）；球心在圆柱轴线上相交，交线为圆（图4-29b）；圆柱与圆锥共轴相交，交线为圆（图4-29c）；两相等直径圆柱轴线相交，交线为两个椭圆曲线（图4-29d），事实上，两二次曲面同切于一球面，交线为二次曲线。

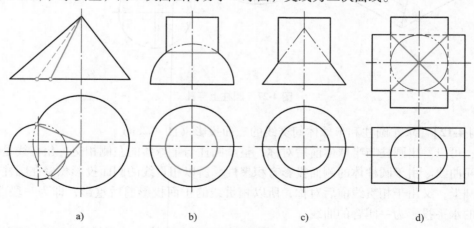

图 4-29　两曲面立体相贯的特殊情况*

■4.5 圆柱与圆锥的轴测投影

在一般情况下，圆柱和圆锥的底面是位于或平行于某个坐标面的。在正等轴测投影中，平行于任一坐标面的底圆，其正等轴测图总是椭圆，可以证明，该椭圆的长轴垂直于对应的轴测轴，各椭圆的短轴垂直于各自的长轴，如图 4-30c 所示。在斜二轴测投影中，由于坐标面 XOZ 平行于轴测投影面，凡是平行于该坐标面的圆，其斜二轴测投影总是同样大小的圆，而平行于另两个坐标面的底圆，其斜二轴测图均为椭圆，它们的长轴方向均不与对应的轴测轴垂直，如图 4-30d 所示。

画圆柱和圆锥的轴测图，需先画出底圆，再画出与轴测投影投射方向对应的柱面、锥面外形轮廓线的轴测投影，如图 4-30a、b 所示，曲面的外形线与底圆在轴测图上是相切的。

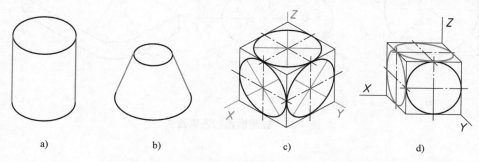

| a) | b) | c) | d) |

图 4-30 位于或平行于坐标面的圆的轴测投影*

4.5.1 轴测椭圆的画法

1. 坐标定点法*

画轴测椭圆的最基本方法是用坐标定点法作出椭圆上的一系列点，然后连成光滑曲线。在圆上取点，将其坐标沿轴测轴进行截量，从而得到点的轴测图。图 4-31a 所示为圆的水平投影，图 4-31b 所示为其正等轴测椭圆，图 4-31c 所示为其斜二轴测椭圆。在圆与坐标轴平行的外切正方形上（图 4-31a），取各边中点和对角线上的点，共八个点，进行坐标定位画出椭圆，此法又称为八点法。

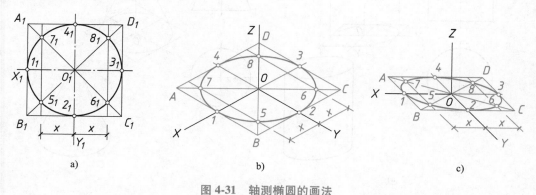

| a) | b) | c) |

图 4-31 轴测椭圆的画法

2. 轴测椭圆的近似画法★

对于正等轴测图，可以用四段圆弧拼接起来近似地当作轴测椭圆。如图 4-32a、b 所示，以水平面的圆为例，作圆的外切正方形的轴测投影 ABCD，以其短对角线的两端 B、D 为两个圆心，以 B、D 与菱形对边中点 1、2、3、4 的连线和长对角线的交点 E、F 为另两个圆心。以圆心到菱形边线中点距离为半径，在 1、2、3、4 点间画四段圆弧，这四段圆弧可近似地作为圆的正等轴测图使用，这种方法称为四心法。

绘制与坐标面平行的直角圆角的正等轴测投影的近似画法如图 4-32c 所示，图中 r 为圆角半径。

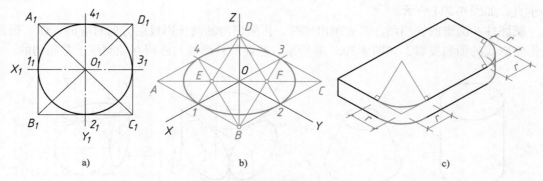

a)   b)   c)

图 4-32 轴测椭圆的近似画法

4.5.2 画圆柱和圆锥的轴测投影

图 4-33a 所示为画圆柱的斜二轴测图的作图方法。分别画出圆柱上、下底圆的斜二轴测图椭圆，作两椭圆的两条平行于 OZ 轴的公切线，描深可见部分，即得圆柱的斜二轴测图。图 4-33b 所示为画圆锥正等轴测的作图方法。画出圆锥下底圆的正等轴测图椭圆，在 OZ 轴上定出锥顶点，自锥顶点作椭圆的两条切线，描深可见部分，即得圆锥的正等轴测图。

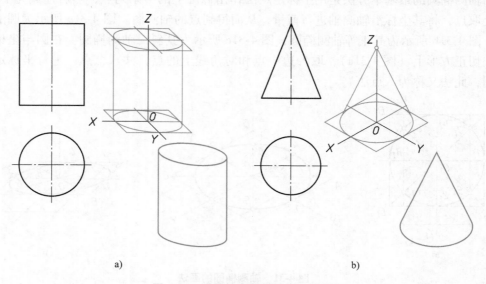

a)   b)

图 4-33 画圆柱和圆锥的轴测投影

【例 4-13】 画出圆拱洞门的斜二轴测图（图 4-34a）。

解：拱圈的底面平行于 V 面，在斜二轴测图中反映实形，所以只需以它的正面投影为基础，沿 Y 轴方向按伸缩系数 0.5 将各控制点拉开应有的距离（图 4-34b），连接各条棱线，作出顶部半圆柱面的外形轮廓线，为两个半圆的公切线，描深可见部分，结果如图 4-34c 所示。

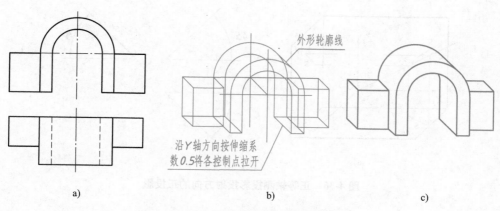

图 4-34 画圆拱洞门的斜二轴测图

【例 4-14】 已知组合体的两面投影图（图 4-35a），试画其正等轴测图。

解：画出轴测轴，作底板的正等轴测图，并画出两个圆角（图 4-35b），画圆角时分别从两侧切点作切线的垂线，相交得出圆心，再用圆角半径画弧；然后，作立板的正等轴测图（图 4-35b），上部半圆柱体用四心法画椭圆弧，并作出两个椭圆弧的切线；再用四心法画出立板上圆孔的正等轴测椭圆，需判断圆孔后面椭圆是否可见；最后描粗可见轮廓线完成全图（图 4-35c）。

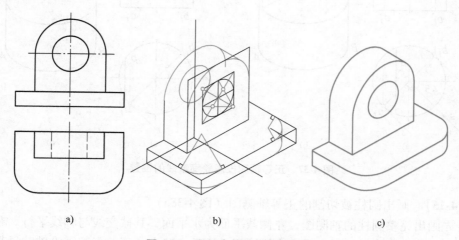

图 4-35 画组合体的正等轴测图

4.5.3 正等轴测投影投射方向的正投影*

画轴测图时坐标面一般都选成三投影面体系中的投影面的平行面（图 4-36a），将轴测

投影的投射方向 S 向三投影面作正投影，可在三面正投影图上表示出轴测投影的投射方向（图4-36b）。由几何关系推导得知，在正等轴测投影中，其投射方向的三个投影均与水平成45°倾斜；对于斜二轴测图，其投射方向的正面投影倾斜45°，水平投影倾斜70°32′，侧面投影倾斜19°28′。

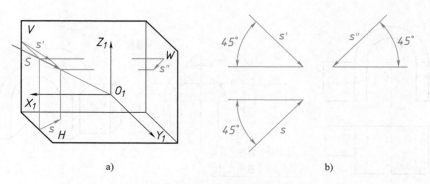

图4-36 正等轴测投影投射方向的正投影

利用投射方向的正投影，可以正确把握轴测投影的图示效果。例如，由图4-37a所示的水平投影可以看出柱面上的正等轴测图上的轮廓素线位置。当截平面 P 的位置不同时（图4-37 a、c），圆柱面上右边的轴测投影轮廓线是不同的，如图4-37b、d 所示。

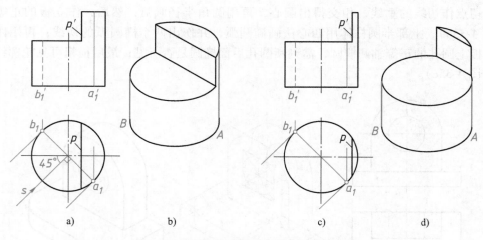

图4-37 正等轴测投影轮廓素线的位置

【例4-15】 画出圆柱被切割的正等轴测图（图4-38a）。

解： 先画出完整圆柱的轴测图，左侧截平面为水平面，其截交线与轴线平行。右侧截平面为正垂面，截交线为椭圆弧，需求出椭圆弧上面的一些点，每一点都需沿轴截量其三个坐标确定它的位置。在底圆上作与轴测轴平行的弦，弦的端点已经有了两个坐标，过弦的端点作柱轴的平行线，沿此线截量第三个坐标即得到截交线上点的轴测图。作图过程如图4-38b所示，结果如图4-38c 所示。

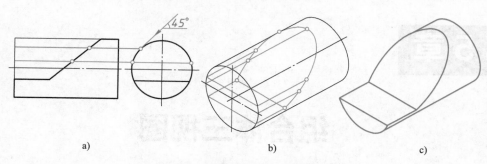

图 4-38　画被切割圆柱的轴测图

思　考　题

1. 什么是平面曲线？
2. 什么是空间曲线？
3. 什么是圆柱螺旋线？
4. 如何在投影图上表示曲面？
5. 什么是曲面的外形轮廓线？
6. 什么是曲面上定点的素线法？
7. 什么是曲面上定点的纬圆法？
8. 什么是双曲抛物面？
9. 如何正确理解球面的三面投影图？
10. 平面与圆柱相交，截交线有哪几种形式？
11. 平面与圆锥相交，截交线有哪几种形式？
12. 平面与球相交时，截交线是怎样的？
13. 如何求解平面体与曲面体相交表面的交线？
14. 如何求解两曲面体相交表面的相贯线投影？
15. 位于或平行于坐标面的圆的正等轴测投影有什么特性？
16. 位于或平行于坐标面的圆的斜二轴测投影有什么特性？

第5章

组合体三视图

本章导学　本章的主要内容有组合体的形体分析、三视图画法、三视图阅读及三视图的尺寸标注等。这些知识是正确、整齐、美观、清晰、快速成图的基础，也是工程技术人员必备的基本功。通过本章的学习和习题作业的实践，学生应获得一定的组合体识图基本方法和技巧，对工程图和空间形体的对应能建立初步的联系，初步掌握绘制工程图的基本技能。

本章基本要求：

1）对组合体可以进行形体分析。

2）掌握组合体三视图表达要求。

3）掌握组合体三视图尺寸标注方法。

4）掌握组合体三视图识图方法，具备组合体"二求三"本领。

■ 5.1　组合体形体分析★

由两个或两个以上的基本体通过一定构型方式组合形成的形体称为组合体。在分析形体特征时，假想把组合体分为若干基本体，通过分析各基本体形状特征、基本体之间位置特征、基本体之间构型特征及相邻表面间连接特征，达到了解形体特征的方法称为形体分析方法。形体分析是一种认识形体的思维方式，实际上形体是一个整体。

构成组合体的各基本体形状特征分析见第 3 章和第 4 章内容。基本体之间的位置特征包含在组合体构型方式中。因此，本节着重介绍组合体形体分析中的构型方式及相邻表面连接方式。

5.1.1　组合体构型方式

基本体包括棱柱、棱锥、棱台、圆柱、圆台、圆锥、圆环及球体等。构型方式包括基本体相加、相减或综合相加及相减。组合体构型方式如下：

1. 相加构型★

相加构型包括叠加构型及交接构型两种方式。

（1）叠加构型　基本体之间通过一定相互位置关系要求，无损伤堆积，叠加构型形成组合体。叠加形成组合体后，投影不会额外产生表面间交线，如图 5-1 所示。若两基本体叠加，某两个面的投影共面或相切后形成一个完整或光滑表面，如图 5-1 中Ⅰ和Ⅱ所示，则Ⅰ正面投影Ⅰ′及Ⅱ′的水平投影Ⅱ中不应该画其他线条。

（2）交接构型★　基本体之间通过一定相互位置关系要求，交接产生新的截交线或相贯线，构型形成组合体。如图 5-2 所示，梯形棱柱肋板和圆柱交接产生新的相贯线，需要额外画出。底板棱柱棱面和圆柱面相切，相切处正面投影不要加线条。

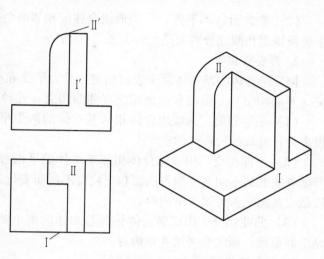

图 5-1　叠加方式构型的组合体

2．相减构型★

相减构型即切割或挖切构型形式，如图 5-3 所示。

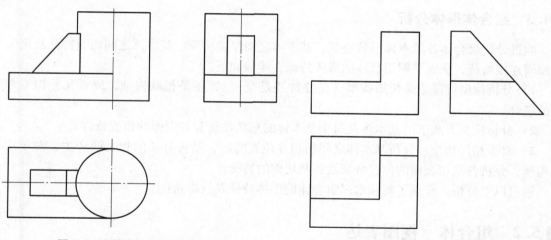

图 5-2　交接方式构型的组合体　　　　　图 5-3　相减方式构型的组合体

5.1.2　组合体表面连接关系

构成组合体的基本体相邻表面连接关系有如下几种情况：

1．两平面平行

构成组合体的基本体两个表面平行，分为共面和非共面两种情况。

（1）共面（平齐）　组合体相邻两个基本体的表面平行且连接形成一个平面，两表面构成共面。共面的基本体两个平面之间没有界线，此共面平面的投影若不积聚，则是一个中间没有被任何线条分割的最小面域。如图 5-1 中形体表面Ⅰ的正面投影。

（2）非共面（不平齐）　构成组合体的相邻两个基本体表面平行，形成错台。如图 5-1 中底板顶面和侧立板底面是平行关系。

2. 两表面相交

构成组合体的基本体两个表面相交，分为平面和平面相交（平平相交）、平面和曲面相交（平曲相交）及曲面和曲面相交（曲曲相交）几种情况。

（1）平平相交　构成组合体相邻基本体的两个平面相交，产生直线交线。直线交线的投影符合直线的投影规律。

（2）平曲相交　构成组合体相邻基本体的平面和曲面相交，产生截交线。截交线的类型随着曲面的不同及平面与曲面相交位置不同而变化。截交线是直线或者平面曲线，平面曲线截交线画法参考第 4 章内容。

（3）曲曲相交　构成组合体相邻基本体的两个曲表面相交，产生相贯线。相贯线一般是空间曲线，画法参考第 4 章内容。

3. 两表面相切

构成组合体的基本体两个表面相切（平曲相切和曲曲相切），两表面会光滑过渡，投影时相切处不应画线。如图 5-2 所示，底板和圆柱相切。

1）平曲相切，如图 5-2 所示，底板和圆柱相切。

2）曲曲相切，画法参考第 4 章内容。

5.1.3　组合体形体分析

通过分析组合体各基本体形状特征、基本体之间位置特征、基本体之间构型特征及相邻表面间连接特征，全面了解组合体的形体特征。步骤如下：

1）分析构型特征，是相加构型（是叠加还是交接），还是相减构型，或者几种构型方式的组合。

2）分析构型方式下的基本体及每个基本体的形状特征和各表面的位置特性。

3）对于相加构型，分析基本体之间的相互位置特征，是否有新的相贯线产生，对于相减构型，分析各截切表面的位置特征及各截切面的特征。

通过以上分析，全面了解和掌握组合体的形体特征及投影特征。

■ 5.2　组合体三视图表达

土木工程制图中，把前视图（多面正投影体系中从前向后投影）称为正立面图，把俯视图（多面正投影体系中从上向下投影）称为平面图，把左视图（多面正投影体系中从左向右投影）称为左侧立面图。正立面图、平面图和左侧立面图总称为三视图。

现以图 5-4 所示的形体为例，介绍组合体三视图表达的方法和步骤（见图 5-5）。

5.2.1　形体分析*

根据 5.1 节中介绍的组合体形体分析方法，在绘制三视图之前，首先要对组合体结构做形体分析。

如图 5-4 所示，按照其形体特点，支架为相加构型（包括叠加和交接）及相减构型组合的综合式组合体，由底板Ⅰ、竖立圆柱Ⅱ、水平圆柱Ⅲ、肋板Ⅳ四个基本体组合而成。底板Ⅰ与竖立圆柱Ⅱ叠加，肋板Ⅳ位于底板Ⅰ上面与竖立圆柱Ⅱ交接产生交线，水平圆柱Ⅲ与竖立圆柱Ⅱ正交相贯，与竖立圆柱Ⅱ同轴穿通孔过底板，与水平圆柱Ⅲ同轴穿孔与竖立圆柱孔相贯。

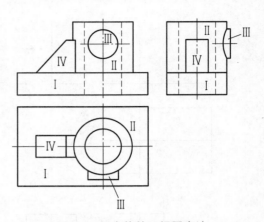

图 5-4　组合体的三视图表达

5.2.2　正立面图选择*

正立面图是表达物体最主要的视图，正确选择正立面图，对形体特征的表达效果、绘图和识图都有很大影响。

正立面图的选择应该符合以下原则：最大化反映各基本体形状特征及位置特征；按照自然工作位置放置形体；主要平面或轴线平行或垂直于投影面；兼顾尽量减少其他视图中的虚线；均匀合理布局图幅。

对于图 5-4 所示形体，底板水平放置处于工作状态，竖立圆柱的轴线处于铅垂位置，使肋板和底板的对称平面处于平行于投影面的位置，使得各基本体形状和其相对位置关系表达最为清晰。

正立面图确定后，平面图及侧面图的投影方向随之确定。

5.2.3　布图与画底稿*

1．确定比例与图幅

正立面图选定后，根据组合体实际尺寸及形体复杂程度确定相应的比例和图幅，以求完整清晰地表达形体特征。根据选定的比例确定三视图图形大小，考虑图形大小、视图之间间隔以及尺寸标注需要的空间，确定图幅大小。

2．布置视图

在合适图幅上布置视图，考虑尺寸标注位置，使得三视图均匀分布。图中对称图形应该画出对称中心线，圆、半圆和大于 180°的圆弧都应该画出对称中心线，回转体要画轴线。

3．逐个画出各基本体三视图

在满足"长对正、高平齐、宽相等"的投影规律基础上，完成组合体三视图一般是逐个完成基本体的三个视图，最后成图。遵循"从下到上""先大后小"以及"先实体后空体"的画图顺序。绘制支架三视图时，在布置好视图后，先完成底板三面投影；再完成竖立圆柱三面投影；完成肋板和水平圆柱三面投影，注意形成两段截交线；完成两个空圆柱三面投影，注意形成两段相贯线。

5.2.4　描深

完成底稿后，认真检查投影关系，重点检查是否有共面没有界线问题、相切不画切线问题、截交线和相贯线是否正确问题，进而修正错误。最后按照规定描深各类图线。

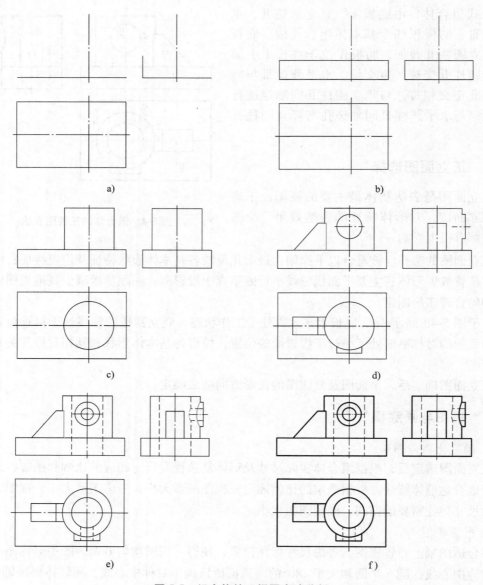

图 5-5　组合体的三视图表达分析
a）布置视图，画基准线、对称线（或轴线）　b）完成底板三面投影
c）完成竖立圆柱三面投影　d）完成肋板和水平圆柱三面投影
e）完成两个空圆柱三面投影　f）描深各类图线

■ 5.3　组合体三视图尺寸标注★

组合体的结构形状特征在视图中表达，各基本体真实大小、相对位置关系及形体总体规模描述需要通过尺寸标注完成。尺寸标注是完成形体表达的重要一环。进行尺寸标注需要遵循的原则是：

1）标注正确。尺寸标注符合国家标准中有关尺寸标注的规定。

2）配置完整。所注尺寸能完全确定形体的形状及位置特征。没有遗漏及重复标注。

3）布置清晰。尺寸布局清晰有序，方便识图和理解形体构型特征。

4）表达合理。标注时尽量考虑设计及工程要求。

尺寸标注正确性要求包含的尺寸标注四要素、标注方法、数字及尺寸排列等见第1章中有关尺寸标注的描述。尺寸标注完整性、清晰有序性及合理性要求见下面几节。

5.3.1　尺寸标注配置完整

完整配置组合体尺寸需要表达清楚组成组合体的各基本体形状特征、相对位置关系特征及形体总体特征。通过如下几个步骤，能够做到完整配置尺寸，不会发生多余或漏掉尺寸的情况。尺寸配置包含标注定形尺寸、定位尺寸及总体尺寸。这三类尺寸是尺寸标注的三个类型，按顺序配置三类尺寸是尺寸标注的三个步骤。步骤如下：

1. 配置定形尺寸★

尺寸标注第一步，是给组成组合体的各个基本体确定形状大小，即定形尺寸标注对象是基本体。定形尺寸包含形体 X、Y 和 Z 三个方向的尺寸，如图5-6所示。

支架底板定形尺寸是长175，宽110，高30；竖立圆柱直径80，挖孔内径50，高暂时用？表示，到总体尺寸再谈这个问题；水平圆柱直径40，挖孔内径20，因为要和竖立圆柱交接，它的高通过定位尺寸确定；梯形肋板 Y 轴方向尺寸30，40和45尺寸确定肋板倾斜部分 X 向和 Z 轴方向尺寸。肋板右边部分 X 向尺寸通过定位尺寸确定。

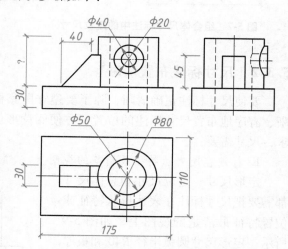

图5-6　组合体尺寸标注中的定形尺寸

2. 配置定位尺寸★

尺寸标注第二步，是配置定位尺寸。定位尺寸标注分为下面三种情况：

（1）叠加构型定位尺寸　对于叠加构型方式形成的组合体，定位尺寸的标注对象是叠加各基本体之间的相互位置尺寸。通过标注所有基本体之间在 X、Y 及 Z 轴三个方向相互位置尺寸，使其相互之间位置固定，各个方向不能够发生移动。有些形体间的定位不需要标注尺寸，视图中已经明确显示的相互位置关系确定，如图5-6所示。

（2）交接构型定位尺寸　对于交接构型方式形成的组合体，定位尺寸的标注对象是交接基本体之间的相互位置尺寸。通过标注基本体之间在 X、Y 及 Z 轴三个方向相互位置尺寸，使其相互之间位置固定，如图5-7所示。

（3）挖切构型定位尺寸　对于挖切构型方式形成的组合体，定位尺寸的标注对象是：挖切面或挖切体的定位尺寸。

3. 配置总体尺寸★

尺寸标注第三步，是给组合体整体确定大小。总体尺寸的标注对象是组合体，如图5-8所示。

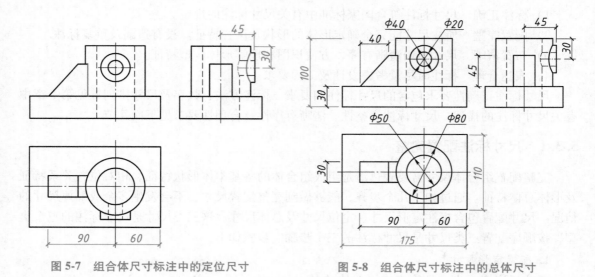

图5-7　组合体尺寸标注中的定位尺寸　　　　图5-8　组合体尺寸标注中的总体尺寸

5.3.2　尺寸标注布置清晰*

要使尺寸标注正确清晰，除了要遵守国家标准中关于尺寸标注的有关规定，还应该清晰、有序地布置尺寸标注的位置，方便阅读形体和查找尺寸。为满足尺寸标注位置清晰要求，尺寸需要：

1. 标注在所表达特征最清楚的视图上

定形尺寸、定位尺寸和总体尺寸都需要把尺寸标注在表达形状特征或位置特征最清楚的视图上。如图5-9所示，定形尺寸圆弧半径R40和板厚度30，标注在反映形体空半圆槽实际形状的正视图中和反映板厚度的侧视图中；定位尺寸95，标注在反映两个孔在底板上加工的俯视图中，为X方向定位尺寸，如图5-9所示。

2. 尽量标注在可见投影
虚线上尽量不标注尺寸。

3. 尽量标注在视图外部
尺寸应尽量标注在形体外部，但内部某些尺寸为了方便识图，也可变化处理。

图5-9　尺寸标注位置合理性

4. 截交线或相贯线不标注尺寸

截交线是形体被截切后自然形成的交线，其形状和位置取决于截平面的位置及形体的形状，相贯线是形体相交后自然形成的，其形状和位置取决于参与相贯的两立体的形状及位置。因此，截交线和相贯线上均不标注任何尺寸，通过标注参与截切的截平面位置和立体定形尺寸、相贯的两立体的相对位置和两立体的定形尺寸，来确定交线和相贯线的形状和位置。例如，图 5-8 中的截交线和相贯线不标注尺寸。

5. 排列整齐，避免尺寸线交叉

把大尺寸排在外面，小尺寸排在里面，避免尺寸线和尺寸界线相交。

5.3.3 尺寸标注表达合理

尺寸标注还要考虑专业及实际工程要求，随之做合理调整。

■ 5.4 组合体三视图的识读*

组合体三视图的识读是对所给的二维工程图进行组合体形体分析及二维工程图的线面分析，想象组合体空间实际形状，是从二维平面投影到三维立体建立的思考过程。为正确、迅速识读二维工程图，需要掌握以下读图方法。

5.4.1 识图基础

1. 贯彻"长对正、高平齐、宽相等"规律

识图时，随时贯彻"长对正、高平齐、宽相等"规律（简称"三等"规律），把三个投影视图联系起来，反复对投影关系深入思考。

2. 掌握基本体投影特征

理解并掌握第 3 章、第 4 章介绍的基本体（棱柱、棱锥、棱台、圆柱、圆台、圆锥、圆环及球体等）的投影特征，各基本体相对投影面位置不同时的投影变化也要熟悉。只有这个基础打好了，才能对各基本体的投影特征敏感，才会把投影和空间实体联系起来。

3. 投影中的"线框"

组合体的每一个二维投影图是一个二维封闭线框。这个封闭线框被内部诸多条线段分割，构成"面域"。组合体每个投影图都是一个封闭的二维面域，二维面域中没有被任何线条分割的面域，即基础面域，这里把每个基础面域称为"线框"。"线框"绝大部分是组合体某个面的投影。因此，考察组合体表面的投影特征，可以通过考察组合体每个投影的"线框"，判断"线框"对应的面的形状及位置，进而一步步建立组合体的空间特征。"线框"分析方法是组合体面分析法的核心内容。

5.4.2 组合体视图"二求三"方法及步骤

在工程图样中，组合体投影分析方法有三种：体分析法、面分析法和线分析法。恰当运用这三种分析方法是对组合投影进行分析阅读的三个步骤。一般情况下先从体分析入手，如有需要，再对比较特殊的面及细节部分的线进行深入分析，从而达到完全识读组合体投影的目的。

1. 组合体视图识读——体分析法*

形体分析是叠加构型及交接构型组合体识图的最重要最基本的方法。体分析能够顺利进行的基础是很好地掌握基本体的投影特征。通常，从最能反映组合体特征的投影图开始思考，分析想象，该组合体是由哪几个基本体组合形成的，构型方式是什么；然后根据"三等"规律，逐个找出每个基本体的对应投影，思考基本体之间位置关系，从而整体得出组合体的形状。通常通过给定两个视图，求画第三视图的方法来提高识图能力。

【例 5-1】 已知图 5-10a 所示组合体的两面投影视图，求做侧面图。

解： 依据"长对正"投影规律分析正立面图和平面图，可以找到三个基本体的两面投影符合长对正。"从下向上""从左向右"分析，想象为四棱柱、三棱柱和底面是正平面的多边形棱柱三个基本体，符合所给的两面投影特征。依次完成每个基本体的侧面投影，如图 5-10 所示。

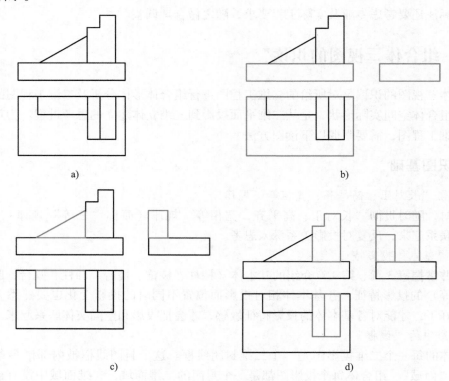

图 5-10　组合体视图体分析法
a）进行体分析，三个基本体　b）完成四棱柱侧面投影　c）完成三棱柱侧面投影
d）完成底面六边形棱柱侧面投影

2. 组合体视图识读——面分析法★

面分析法是切割构型组合体识图比较好用的方法，也是进行体分析的细节补充方法。对组合体进行面投影特征研究，主要通过研究判断"线框"、寻找投影、判断空间位置及面的形状和位置特征，配合形体整体判断，达到完整识图的目的。

【例 5-2】 利用"线框"分析方法做图 5-11a 所示形体的侧面图。

解：

1）找出形体各投影二维面域的"线框"。如图 5-11 所示，已知组合体两面投影，求做第三投影。找到两面投影中的 7 个"线框"："线框"Ⅰ—"线框"Ⅶ。

2）判断"线框"是否是面的投影。根据"三等"规律，针对每一个"线框"，寻找其另一投影（相仿形框或者线）。如果找不到此"线框"的另一个投影，说明此"线框"不是面的投影，转向下一个"线框"。如图 5-11 所示，"线框"Ⅰ依据长对正，在正立面图中找到一条线段Ⅰ′与"线框"Ⅰ符合长对正。此"线框"是平面的水平投影。寻找过程中会

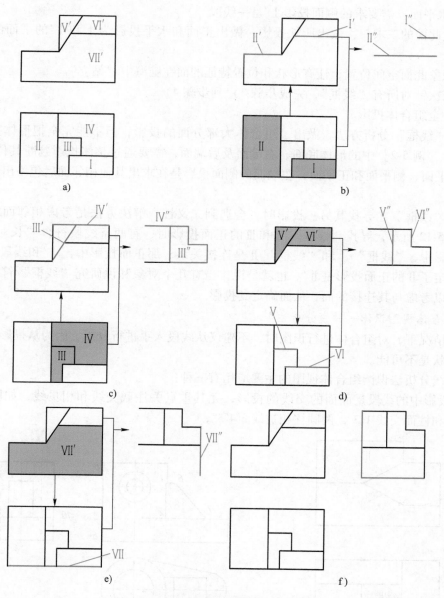

图 5-11　组合体视图"线框"分析方法

a）7 个"线框"　b）寻找"线框"Ⅰ和Ⅱ的正面投影，做其侧面投影

c）寻找"线框"Ⅲ和Ⅳ的正面投影，做其侧面投影　d）寻找"线框"Ⅴ'和Ⅵ'的正面投影，做其侧面投影

e）寻找"线框"Ⅶ'的正面投影，做其侧面投影　f）补全形体投影

遇到一些特殊情况：如果找到的另一投影不唯一，考虑答案不唯一性；如果几个"线框"对应另外投影是一个几何元素，就要另做分析；一般不可以从一段线段截取部分作为投影，但也有特殊情况。

3）判断此面位置特征。由面对应的两个投影判断面的位置特征，是 7 类位置面中的哪一类；同时判断需求投影是线还是框，如果是框，是什么形状。由Ⅰ和Ⅰ'投影特征，判断得知 I 是水平面。需要求的侧面投影 I″ 是一线段。

4）做此面的二求三，做出所缺投影。做出正面和水平投影为 I 和 I′ 的平面的侧面投影 I″

5）想象此面空间位置，让有形状和位置特征的面在脑海中"站立"。

6）依次针对所有"线框"，完成步骤 2）到步骤 4）。

7）补全组合体投影。

利用"线框"分析方法，做出了组合体大部分面的投影，但不能完全把形体投影做出来。例如，[例 5-2]中的形体底面、右端面及后端面，需要通过整体投影判断其位置特征，得知是水平面、侧平面和正平面，左端面的侧面投影是在求出其他相邻面后包络出的，是侧平面。

由一"线框"在寻找其另一投影时，会遇到二义性。解决办法是考虑相邻面的连接特征。如图 5-12 所示，寻找"线框"II 和 III 的正面投影时，有两条线段符合"长对正"，考虑水平投影中，"线框" I 和"线框"II 是连接关系，那正面投影中，I′和线段 II′相连，因此，确定了 II 的正面投影是 II′。也就是说，当有几个对象和说研究"线框"符合投影关系时，可以考虑与其连接的面，从而确定其投影。

3. 组合体视图识读——线分析法★

一般情况下，对组合体进行识图时，不建议从线段入手进行分析。因为从投影为线段推出面的形状是不可能的。

采用线分析法识读组合体视图的主要应用有三种：

1）投影中的线段是面面的交线的投影，尤其重点关注截交线和相贯线，如图 5-13 所示，平面和柱面交线 1′2′，两圆柱相贯线 3″4″5″。

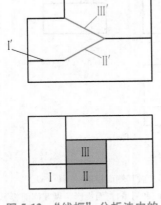

图 5-12 "线框"分析法中的
判断另一投影

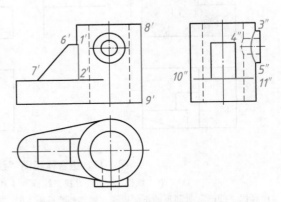

图 5-13 组合体视图线分析方法

2）投影中的线段是垂面的积聚投影（有时候是悬空线，如图 5-13 中的 10″11″）。图 5-13 中的线段 6′7′是正垂面的积聚投影。垂面的积聚投影是一条和投影轴倾斜一般角度的线段，投影中有倾斜的线段时要很敏感，首先考虑是否是垂面的投影。

3）投影中的线段是回转体的轮廓线。如图 5-13 所示，线段 8′9′是圆柱轮廓线的正面投影。

综上所述，对于组合体的"二求三"，综合考虑上面讨论的组合体视图"二求三"方法，对组合体进行形体构型分析。对于叠加和交接构型形体，考虑先用体分析方法，按照前面介绍的方法，逐个求各基本体的第三投影。遇到有截交线和相贯线的情况，要额外做线的投影。如果是截切构型形体，推荐利用"线框"思路，把组合体大部分面的投影做出来，再综合考虑形体的总体结构，做出完整的第三投影。

如果初学者不能对形体进行构型分析，推荐利用"线框"分析思路，对形体大部分表面的形状和位置都能进行很好的分析及判断，在此基础上，再结合形体分析，就会快速了解组合体形状。

■ 5.5 组合体轴测图画法★

在前面平面体和曲面体轴测图画法的基础上，绘制组合体轴测图，首先要对组合体进行形体分析，确定构型方式。

1. 叠加方式构型的组合体

对于叠加方式构型的组合体，轴测图中首先要确定的是各叠加基本体的相互位置。相互之间位置确定后，各基本体画法参照前面章节即可。

2. 切割方式构型的组合体

对于切割方式构型的组合体，轴测图绘制中首先要确定的是切割面的位置，然后绘制切割后形成的切割面，进而补全整个形体。具体方法见平面体及曲面体轴测图画法。

3. 交接方式构型的组合体

对于交接方式构型的组合体，由于会产生新的相贯线，下面讨论相贯线的画法。

绘制轴测图中的曲线，一般是绘制曲线中诸多个点，然后光滑连接各点成曲线。曲线上的点一般通过坐标定点方法求其在轴测图中的位置。

对于组合体构型中如果有圆柱，绘制出圆柱底圆轴测图后，可以通过辅助平面法求相贯线，如图 5-14 所示。

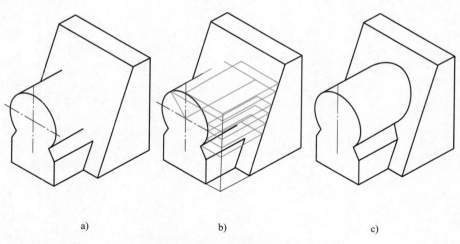

a)   b)   c)

图 5-14 辅助截面法求相贯线

思 考 题

1. 什么是组合体？组合体基本体有哪些？
2. 组合体构型方式有哪几种？
3. 简述组合体的基本体相邻表面连接关系。
4. 简述组合体形体分析的步骤。
5. 简述组合体三视图中正立面图选择的原则。
6. 简述组合体三视图尺寸标注要遵循的原则。
7. 简述组合体三视图的识图方法与步骤。

第6章

房屋建筑施工图

本章导学　本章主要内容有房屋的分类和组成、房屋施工图的分类及有关规定、房屋总平面图、建筑平面图、建筑立面图、建筑剖面图以及详图的图示方法。通过本章的学习，学生应初步掌握绘制建筑施工图的基本技能。

本章基本要求：

1）掌握房屋的主要组成部分及其作用。

2）熟悉房屋建筑施工图的分类及各种图样的内容。

3）了解房屋建筑施工图的表达内容、分类及识图方法。

4）了解房屋建筑平面图、立面图、剖面图的图示内容。

■ 6.1　概述

6.1.1　房屋的分类和组成

建筑根据其使用性质，通常可以分为生产建筑和民用建筑两类。生产建筑根据其生产内容的区别划分为工业建筑（如厂房、车间等）和农业建筑（如农机库、饲养场、塑料大棚等）。民用建筑可以划分为居住建筑（如住宅、宿舍等）和公共建筑（如展览馆、剧院、教学楼等）两部分。

尽管各种房屋的种类、使用功能、外部形状、结构形式以及规模大小等各方面有所不同，但它们的构造是相似的。它们都是由基础、墙、柱、梁、楼板、地面、楼梯、门窗等部分组成，有些房屋还有室外台阶、散水、坡道、雨水管等构配件。图6-1所示为某房屋的轴测图。

6.1.2　房屋的设计程序

房屋的设计程序可分为方案设计阶段、初步设计阶段和施工图设计阶段三个设计阶段。

1. 方案设计阶段

方案设计阶段是指设计单位通过认真分析和实地调研，为建设单位提供满足法律法规的方案。方案设计阶段主要的设计成果有房屋总平面图、各层建筑平面图、主要立面图、剖面

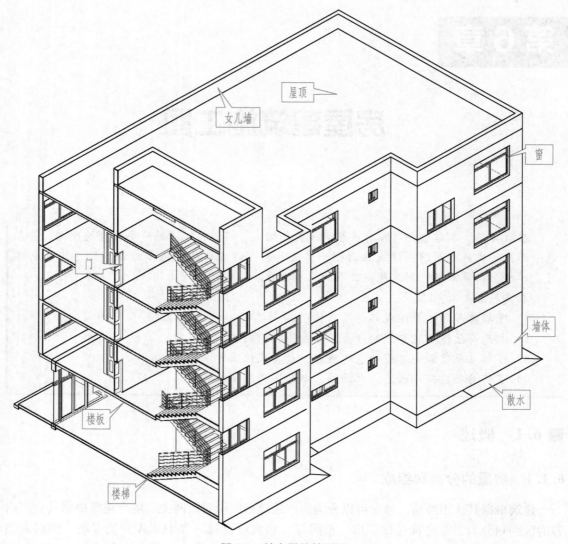

图 6-1 某房屋的轴测图

图以及重要节点详图等，且这些图样应达到国家规定的图样深度。

2. 初步设计阶段

初步设计阶段是在原有方案设计的基础上，进行修改、完善和深化，进一步确定各专业工种之间的技术问题。

3. 施工图设计阶段

施工图设计阶段的主要任务是编制出完整、准确、详细的用以指导施工的文件。

6.1.3 房屋施工图的分类

房屋施工图根据专业不同可分为建筑施工图（简称建施）、结构施工图（简称结施）和设备施工图（简称设施）。

建筑施工图主要表达建筑总体布局、外部形状、内部布置以及细部构造、内外装修及施工要求等内容。它的基本图样包括总平面图、平面图、立面图、剖面图以及建筑详图等。

结构施工图主要表达房屋承重构件的布置、材料、形状、大小以及内部配筋形式等内容，是承重构件以及其他受力构件施工的依据。它的图样包括结构布置图、构件详图、节点详图等。

设备施工图主要表达建筑内给水排水、采暖通风、电气照明等设备的布置、安装要求和线路敷设等内容，包括给水排水、采暖通风、电气等设施的平面布置图、系统图、构造和安装详图等。

由此可见，完成一栋房屋的施工建造的整套图样涉及的专业和图样的数量是很多的。因此，设计时图样的内容应该完整，一般在能够表达清楚的前提下，图样数量越少越好。

6.1.4 房屋建筑施工图制图标准

为了使房屋施工图图样表达规范统一，满足设计、施工、存档的要求，国家有关职能部门制定了《房屋建筑制图统一标准》（GB/T 50001）、《总图制图标准》（GB/T 50103）、《建筑制图标准》（GB/T 50104）等国家标准。在绘制建筑施工图时，应严格遵守制图标准中的有关规定。

1. 图线

《房屋建筑制图统一标准》（GB/T 50001）中规定，图线的基本线宽 b 宜从 1.4mm、1.0mm、0.7mm、0.5mm 这四个线宽组中选择，见表 6-1。每个图样，应根据复杂程度与比例大小，先选定基本线宽 b，再选用表 6-1 中的线宽组。

2. 定位轴线及编号

建筑施工图中定位轴线是施工定位、放样的重要依据。承重墙、承重柱等主要承重构件都要用定位轴线进行编号来确定位置。

表6-1 线宽组

（单位：mm）

线宽比	线宽组			
b	1.4	1.0	0.7	0.5
$0.7b$	1.0	0.7	0.5	0.35
$0.5b$	0.7	0.5	0.35	0.25
$0.25b$	0.35	0.25	0.18	0.13

注：1. 需要缩微的图样，不宜采用 0.18mm 及更细的线宽。

2. 同一张图样内不同线宽中的细线，可统一采用较细的线宽组的细线。

定位轴线用细单点长画线绘制，轴线端部用细实线绘制圆圈，直径为 8~10mm，圆圈内注写编号，如图 6-2 所示。横向编号用阿拉伯数字 1、2、3…，从左至右顺序编写；竖向编号应用大写拉丁字母 A、B、C…，从下到上顺序编写。拉丁字母中的 I、O、Z 不得用作轴线编号。

非承重墙或者次要的局部承重构件等，可以用附加轴线进行定位。附加轴线的编号注写成分数形式，分母表示前一轴线的编号，分子表示附加轴线的编号，用阿拉伯数字顺序编写，如图 6-2 所示。1 轴线或 A 轴线之前的附加轴线，其分母应写成 01 或 0A。

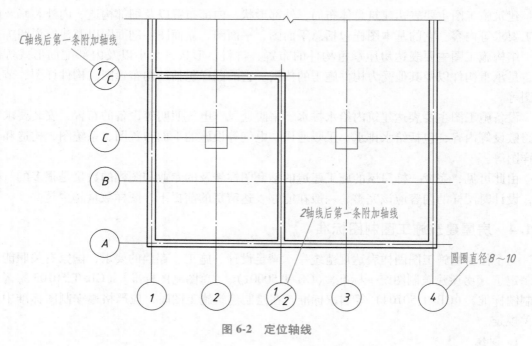

图 6-2　定位轴线

3. 标高

标高是标注高度的一种尺寸标注形式，由标高符号和高度数字组成。建筑工程图中的标高符号以等腰直角三角形表示，用细实线绘制，具体绘制形式如图 6-3a 所示。如果标注位置不够，也可按图 6-3b 所示绘制。标高符号的尖端指向被注高度的位置，尖端可以向下，也可以向上，标高数字注写的位置如图 6-3d 所示。标高数字以米为单位，注写到小数点后三位，在总平面图中，可注写到小数点后二位。

标高分为相对标高和绝对标高两种。一般将建筑的首层室内地面的标高定为相对标高的零标高，注写为±0.000。其他的相对标高都是相对于零标高的高差值，低于零标高记写为负值，需要在高度数字前加"-"号；高于零标高记写为正值，数字前不用加"+"号。绝对标高用涂黑的三角符号表示，是以我国青岛附近某处的黄海海平面的平均高度作为零点测出的高度值，绘制要求如图 6-3c 所示。绝对标高一般标注在总平面图上，并在建筑工程的总说明中说明绝对标高和相对标高之间关系，其他施工图上采用的是相对标高。

在图样的同一位置表示几个不同的标高时，标高数字可按图 6-3e 的形式注写。

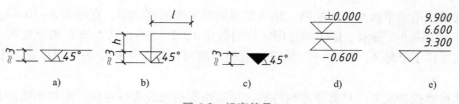

图 6-3　标高符号

l—注写标高数字的长度，h—根据需要取适当高度

4. 索引符号与详图符号

当图样中的某一局部或构件需用详图以较大的比例表达时，应以索引符号进行索引。索引符号用细实线绘制，由直径为 8~10mm 的圆和直径组成，如图 6-4a 所示。

当索引出的详图与被索引的详图在同一张图样内，应在索引符号的上半圆中用阿拉伯数字注明该详图的编号，并在下半圆中间画一段水平细实线，如图 6-4b 所示。当索引出的详图与被索引的详图不在同一张图样中，应在索引符号的上半圆中用阿拉伯数字注明该详图的编号，在索引符号的下半圆用阿拉伯数字注明该详图所在图样的编号，如图 6-4c 所示。当索引出的详图采用标准图时，应在索引符号水平直径的延长线上加注该标准图集的编号，如图 6-4d 所示。

详图的位置和编号应用详图符号表示。详图符号绘制样式如图 6-5a 所示。详图符号的圆直径为 14mm，线宽为 b。

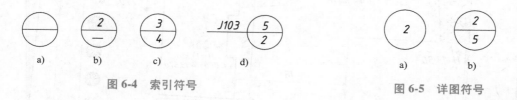

图 6-4　索引符号　　　　　　　　　　　　图 6-5　详图符号

当详图与被索引的图样同在一张图纸上时，应在详图符号内用阿拉伯数字注明详图的编号，如图 6-5a 所示；当详图与被索引的图样不在同一张图纸上时，应用细实线在详图符号内画一水平直径，在上半圆中注明详图编号，在下半圆中注明被索引的图纸编号，如图 6-5b 所示。

■ 6.2　房屋总平面图

房屋总平面图是表示建筑场地总体情况的平面图，主要表达拟建建筑的平面形状、大小以及与地形、道路、既有建筑的关系，此外，还包括场地的绿化、远景规划等内容。总平面图所包括的区域面积比较大，通常采用较小的比例绘制，常采用的比例有 1∶500、1∶1000、1∶2000 等。

图 6-6 所示为某经营部的总平面图，绘图比例 1∶500，图中的既有建筑用细实线绘制，拟建的综合楼是用粗实线绘制的，总长 21.20m，总宽 12.30m。在总平面图上，尺寸标注的数字默认单位是 m。拟建建筑可以用既有建筑来定位，图中拟建综合楼修建在右侧，距离既有建筑18m。两个建筑上标注的 4F，表示修建的楼层数为 4 层，H 表示建筑高度。拟建建筑室外地坪的绝对标高为 433.270m，建筑室内首层地面的绝对标高为 433.570m，室内外高差300mm。根据指北针的指向，可以确定拟建建筑的朝向是东偏北的方向。

总平面图绘图比例小，图中各种地物都是用图例表示的，表 6-2 中列举了制图标准总平面图中常用的几种图例。

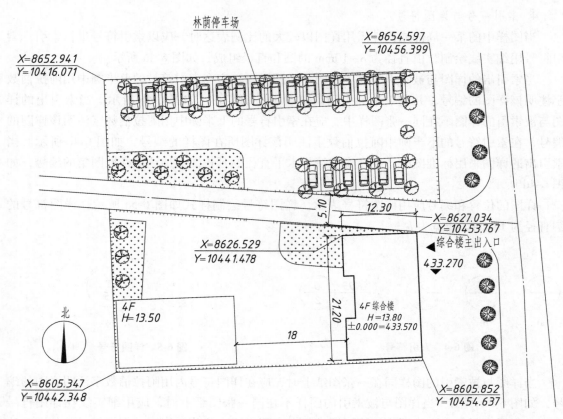

总平面图 1:500

图 6-6　某经营部的总平面图

表 6-2　总平面图中常用图例

名称	图例	说明	名称	图例	说明
新建建筑物		新建建筑物以粗实线表示与室外地坪相接线±0.00 外墙定位轮廓线 建筑物一般以±0.00 高度处的外墙定位轴线交叉点坐标定位，轴线用细实线表示，并标明轴线号 根据不同设计阶段标注建筑编号，地上、地下层数，建筑高度，建筑出入口位置（两种表示方法均可，但同一图样采用一种表示方法） 地下建筑物以粗虚线表示其轮廓 建筑上部（±0.00 以上）外挑建筑用细实线表示	既有建筑物		用细实线表示
			拆除的建筑物		用细实线表示
	X = *Y =* 3F/1D H=12.00m		坐标	1. *X=105.00* *Y=425.00* 2. *A=105.00* *B=425.00*	1. 表示地形测量坐标系 2. 表示自设坐标系坐标数字平行建筑标注
			指北针	N	1. 用细实线表示 2. 圆的直径为24mm 3. 指针尾部宽宜为3mm

（续）

名称	图例	说明	名称	图例	说明
围墙及大门			既有道路		
			人行道		
台阶及无障碍坡道	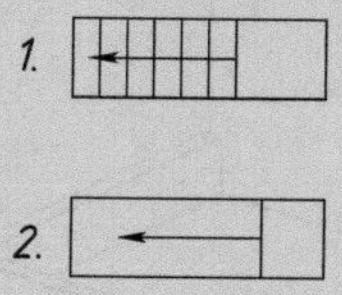 1. 2.	1. 表示台阶(级数仅为示意) 2. 表示无障碍坡道	草坪	1. 2. 3.	1. 草坪 2. 表示自然草坪 3. 表示人工草坪
计划扩建的预留地或建筑物		用中粗虚线表示	花卉		

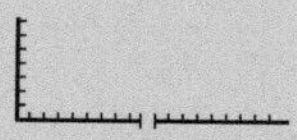

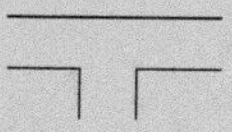

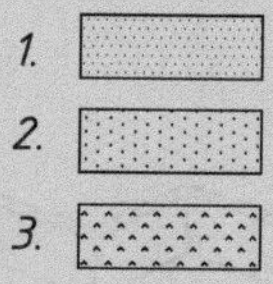

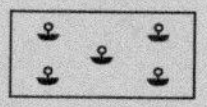

6.3　建筑平面图

建筑平面图是房屋的水平剖面图。用假想的剖切平面在稍高于窗台的位置将整栋房屋剖开，移去屋顶部分，将剩余部分的房屋从上向下投射得到的视图，称之为建筑平面图，如图6-7所示。对于多层建筑，每一层都应该绘制一个平面图，并在视图的正下方书写图名。图名按照楼层来命名，如一层平面图、二层平面图等。但是，如果多层房屋的中间各层的房间布置情况完全相同，可以将相同的几层共用一个平面图表示，图名可以命名为X~X层平面图，也可称为标准层平面图。

6.3.1　建筑平面图表达的内容

建筑平面图主要用来表达房屋的平面形状和内部布置、房间的分隔和门窗的位置。图6-8~图6-11所示为某经营部综合楼的平面图。从一层平面图可以看到，该建筑呈矩形，背面中间部位略向内凹进一部分。主出入口在图纸的左下角，⑦~⑧轴线之间，通过两级台阶进入建筑，来到一层大厅，对面是楼梯间、卫生间和两个办公室。一层平面图上还画出了室外的散水。

6.3.2　建筑平面图中的图线

建筑平面图中剖切到的墙用粗实线画出，通常不画剖面线或材料图例。门、窗、楼梯都用图例表示。图例用细实线画出，门线应90°或60°或45°开启，开启弧线应用细实线画出。门的代号为M，根据门的宽度、高度的不同用M1824来表示。窗的代号为C，根据它的宽度和高度的不同用C0906表示。门、窗的具体尺寸可查门窗表，见表6-3。卫生间的设施、洗脸盆、蹲式大便器、小便槽、污水池等均用图例表示。图例可查建筑配件图例表。在表6-4中列出了部分建筑配件的图例。

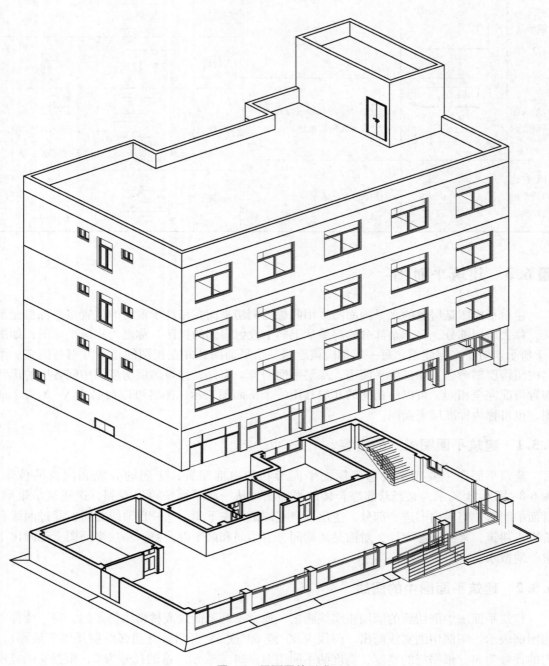

图 6-7　平面图的形成

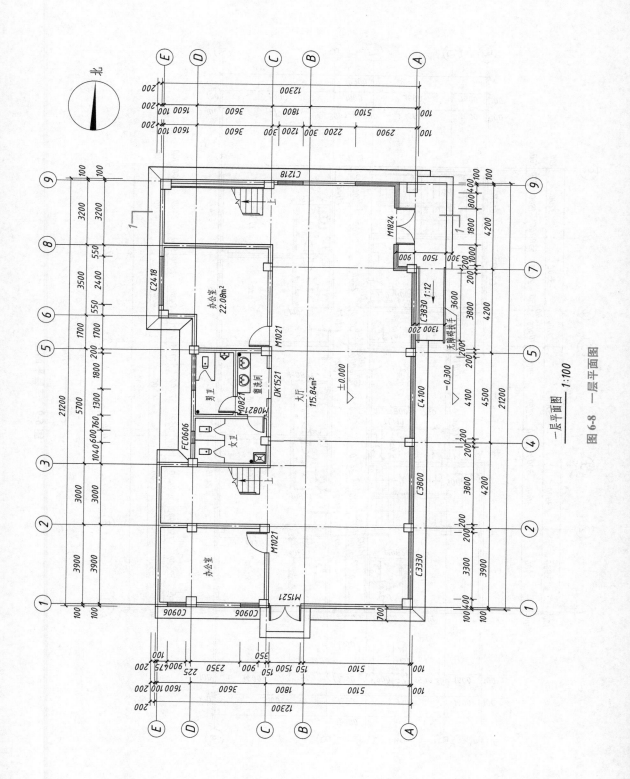

一层平面图　1:100

图6-8　一层平面图

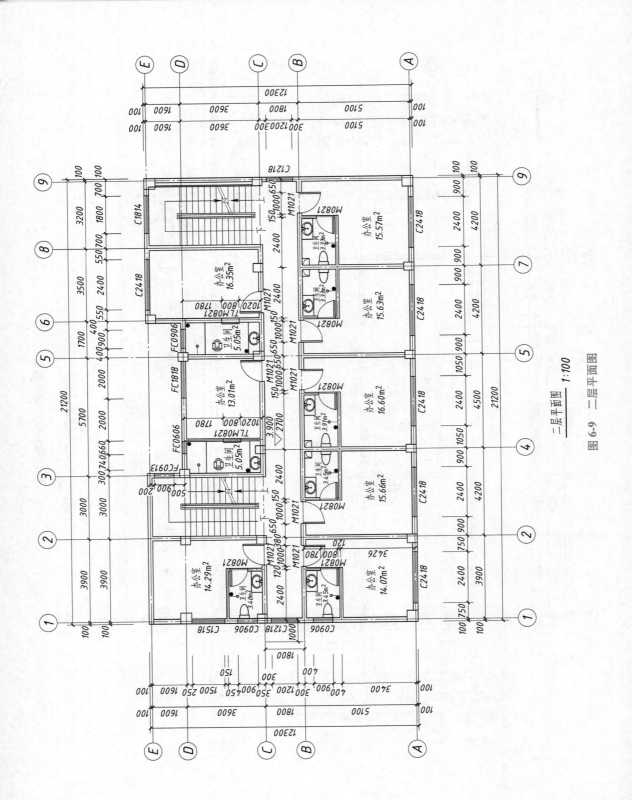

二层平面图　1:100

图 6-9　二层平面图

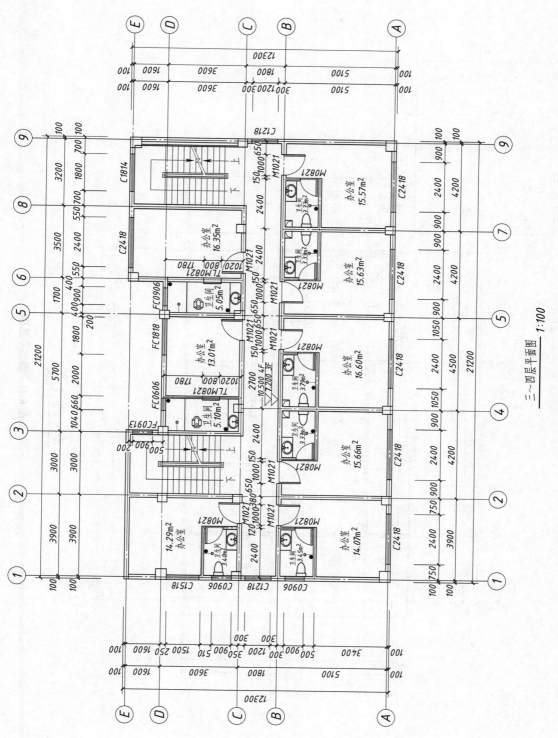

三~四层平面图 1:100

图 6-10 三~四层平面图

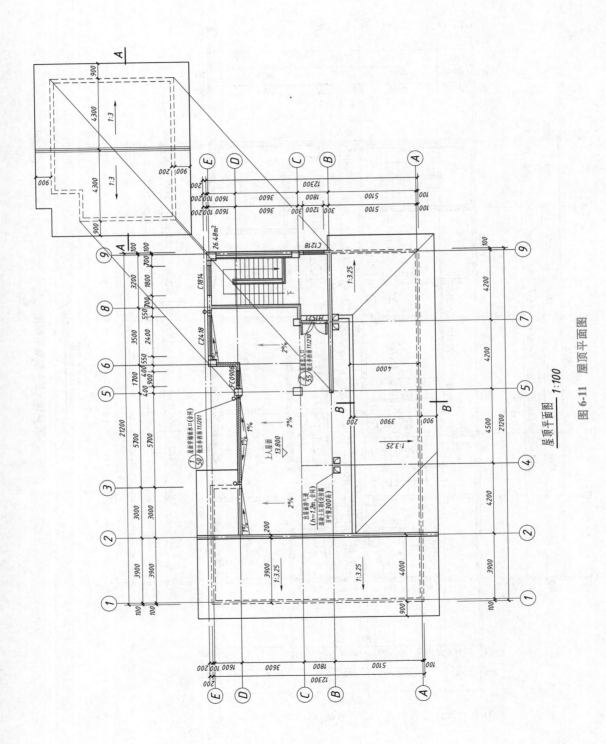

图 6-11 屋顶平面图

屋顶平面图 1:100

表 6-3 门窗表

类型	设计编号	洞口尺寸/$\left(\dfrac{长}{mm}×\dfrac{宽}{mm}\right)$	数量	选用型号	备注
普通门	M0821	800×2100	20	平开门	铝合金门
	M1021	1000×2100	26	平开门	实木门
	M1521	1500×2100	2	双扇平开门	不锈钢
	M1824	1800×2400	1	双扇平开门	安全玻璃门，设防撞条
普通门	C0906	900×600	8	推拉窗	普通铝合金窗
	C1218	1200×1800	8	推拉窗	隔热铝合金型材
	C1518	1500×1800	3	推拉窗	隔热铝合金型材
	C1814	1800×1350	4	推拉窗	隔热铝合金型材
	C2418	2400×1800	20	推拉窗	隔热铝合金型材
	C3230	3200×3000	1	平开窗	隔热铝合金型材，设开启扇
	C3830	3800×3000	1	平开窗	隔热铝合金型材，设开启扇
	C3930	3900×3000	1	平开窗	隔热铝合金型材，设开启扇
	C4130	4100×3000	1	平开窗	隔热铝合金型材，设开启扇
	FC0606	600×600	4	推拉窗	甲级防火窗（发生火灾，自动关闭）
	FC0906	900×600	4	推拉窗	甲级防火窗（发生火灾，自动关闭）
	FC0913	900×1300	3	推拉窗	甲级防火窗（发生火灾，自动关闭）
	FC1806	1800×600	1	推拉窗	甲级防火窗（发生火灾，自动关闭）
	FC1818	1800×1800	3	推拉窗	甲级防火窗（发生火灾，自动关闭）
	TLM0821	800×2100	6	推拉门	铝合金
洞口	DK1521	1500×2100	1		

卫生间门边有一条细实线，是因为这里的地面标高略低于楼层标高。一层平面图上外面一圈是中实线绘制，表示的是散水，散水是为排水设置的。

6.3.3 建筑平面图中的尺寸

建筑平面图中沿房屋长度方向要标注三道尺寸，靠里一道表明外墙上门、窗洞的位置以及窗间墙与轴线的关系；中间一道尺寸标注房间的轴线尺寸，称为房屋的开间尺寸；外面一道尺寸表明房屋的总长，即从墙边到墙边的尺寸。竖向也要标注三道尺寸。靠里一道尺寸也是标注外墙上门、窗洞的位置以及窗间墙与轴线的关系；第二道尺寸标注房间的进深尺寸和走廊的宽度及墙的厚度；外边一道标注房屋总的宽度尺寸。由于房间的开间不同，因此可在另一侧再标注二道尺寸，如图6-8~图6-10所示。靠里一道是门、窗位置尺寸，另一道标注的是开间尺寸。此外，在底层平面图内还标注了散水的宽度尺寸。通常还应注明地面的标高，如底层地面标高为±0.000。在标准层平面图中，应注出各层楼面的标高，如图6-10所示。在底层平面图中还应画出作剖面图时的剖切位置，如图6-8中画出了1-1剖面的剖切位置线。剖切符号是用粗实线画出的。

表6-4 建筑配件图例

名称	图例	说明	名称	图例	说明
单面开启单扇门（包括平开或单面弹簧）	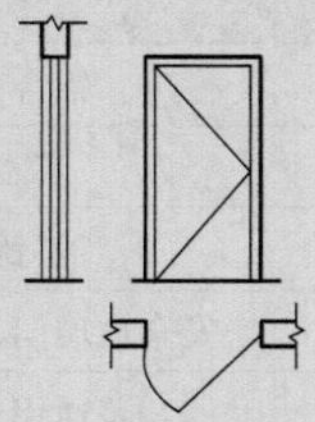	1. 门的名称代号用 M 表示 2. 平面图中，下为外，上为内门开启线为90°、60°或45°，开启弧线宜绘出 3. 剖面图中，左为外，右为内 4. 立面形式应按实际情况绘制	底层楼梯	上	楼梯及栏杆扶手的形式及梯段踏步数应按实际情况绘制
单面开启双扇门（包括平开或单面弹簧）			中间层楼梯	下 上	
固定窗	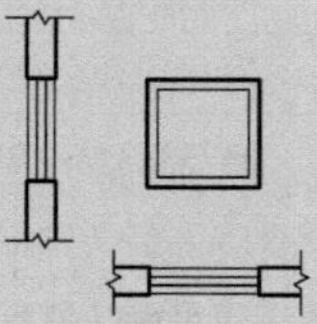	1. 窗的名称代号用 C 表示 2. 平面图中下为外，上为内 3. 剖面图中左为外，右为内 4. 立面形式应按实际情况绘制	顶层楼梯	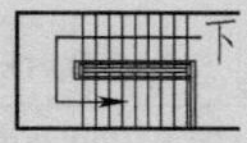 下	
			立式洗脸盆		
推拉窗			蹲式大便器		
			坐式大便器	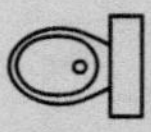	
			小便槽	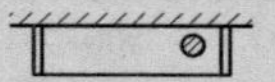	
浴盆			污水池		

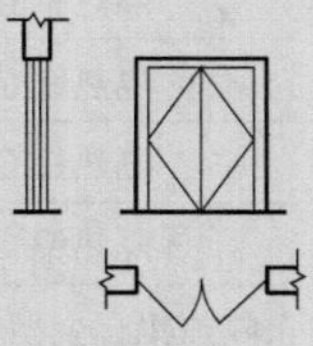

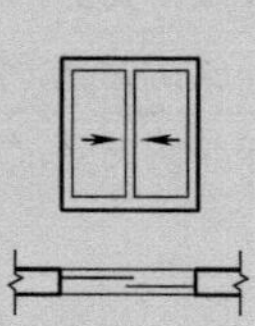

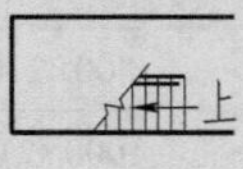

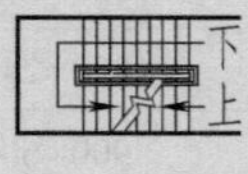

6.3.4 其他建筑平面图

图6-11所示为某经营部的屋顶平面图。图中用单边箭头表明了排水方向，它是前后排水，排水坡度为2%。水排到前、后两侧后，再向左、右两侧分流。

有时为了表明某个局部的平面布局，也常画出局部平面图，如将卫生间单独画成卫生间平面图等。

■ 6.4 建筑立面图

为了反映出房屋立面的形状，把房屋向着与各墙面平行的投影面进行投射，所得到的图形称为房屋各个立面的立面图。立面图可根据两端定位轴线的编号来取名。例如，图6-12所示为某经营部综合楼①~⑨轴线立面图，图6-13所示为同一房屋的⑨~①轴线立面图，

①～⑨轴线立面图 1:100

图 6-12　①～⑨轴线立面图

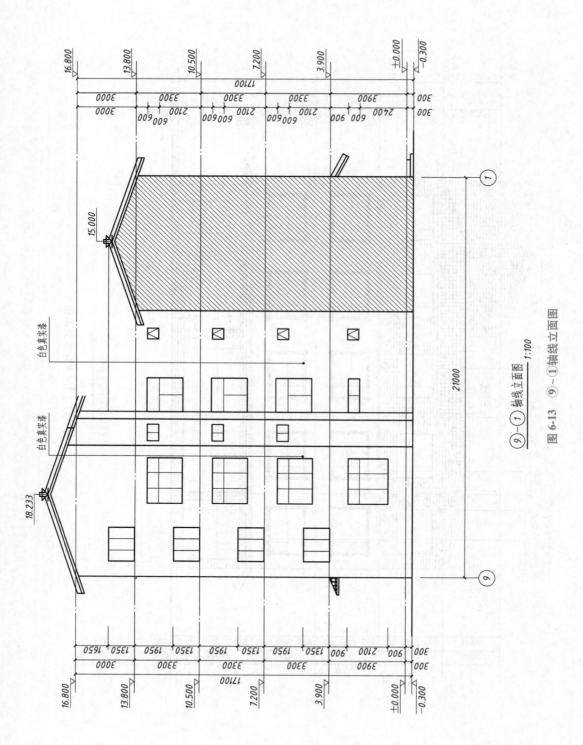

⑨—①轴线立面图 1:100

图 6-13 ⑨～①轴线立面图

图 6-14 所示为它的Ⓐ~Ⓔ轴线立面图，图 6-15 所示为Ⓔ~Ⓐ轴线立面图。也可按平面图各面的朝向确定名称，如东立面图、南立面图等。有时也把房屋主要出入口或反映房屋外貌主要特征的立面图作为正立面图，相应地可定出背立面图和侧立面图等。

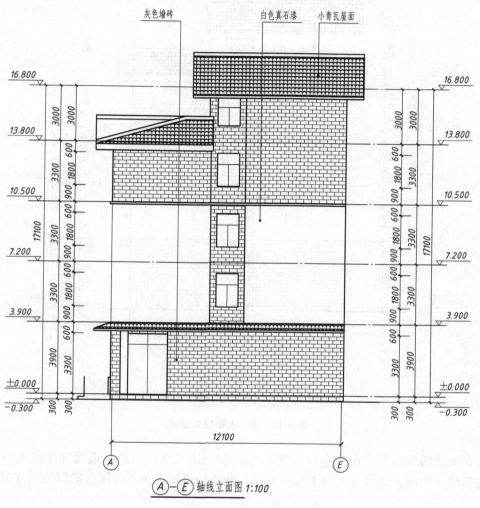

图 6-14　Ⓐ~Ⓔ轴线立面图

6.4.1　建筑立面图表达的内容和图线

建筑立面图主要用于表示房屋的外部形状、高度和立面装修。从图 6-12 中可看出，此综合楼的中间为出入口，一共有 4 层。在图 6-13 中，还表示出了雨水管的位置。

在建筑立面图中，外轮廓线是粗实线；地面线用加粗线（1.4b）表示；门、窗、台阶用中实线画；门窗分格线用细实线画；图例也用细实线画。

6.4.2　建筑立面图中的尺寸

建筑立面图中的尺寸较少，通常只注出几个主要部位的标高，如室外地面的标高，勒脚

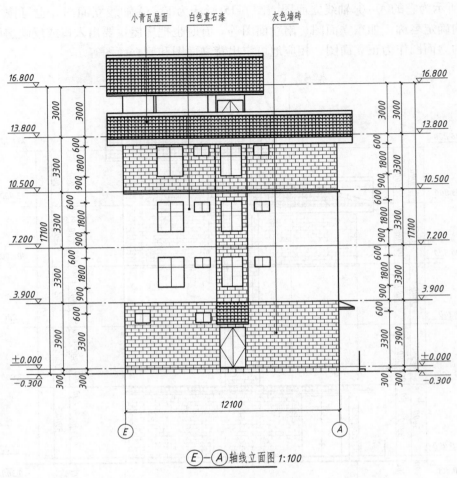

图 6-15　Ⓔ~Ⓐ轴线立面图

的标高，屋顶的标高等。在图 6-12 中竖向标注有三道尺寸，靠里一道尺寸注出了窗洞及窗间墙的高度，中间一道尺寸注出了楼层高度，外面一道标注出了房屋总的高度尺寸。

6.5　建筑剖面图

　　建筑剖面图是假想用平行于某一墙面的平面（一般平行于横墙）剖切房屋所得到的垂直剖面图。虽然是剖面图，但照例仍不画剖面线或材料图例。建筑剖面图主要用于表达房屋内部的构造、分层情况、各部分之间的联系及高度等。剖切位置通常选在内部构造比较复杂和典型的部位，如应通过门、窗洞、楼梯等。必要时还要采用几个平行的平面进行剖切。

6.5.1　建筑剖面图表示的内容和图线

　　图 6-16 所示为某经营部综合楼的 1-1 剖面图，其剖切位置可从图 6-8 所示一层平面图中看出。1-1 剖面是用两个平行的平面进行剖切的，剖切平面通过了楼梯间和主出入口的门，剖切后向左作投影。

建筑剖面图中被剖切到的墙、楼梯、各层楼板、休息平台等均使用粗实线画出；没剖切到但投射时看到的部分用中实线画出。从图6-16中可知：Ⓐ、Ⓔ轴线的墙是被剖切到的，各层楼板、休息平台、屋顶板均为被剖切到的。楼梯段是第1、3、5、7四个梯段为被剖切到的，画成粗实线。梯段第2、4、6、8四个梯段是看到的，应画成中实线。此外还有屋顶最外一条中实线，是女儿墙边线，也是看到的。门窗仍用图例表示，画成细实线，室外地面线仍画成加粗实线。此外，还有散水也是被剖切到的。

6.5.2 建筑剖面图中的尺寸

建筑剖面图中主要标注高度尺寸。应标注出各层楼面的标高，休息平台的标高，屋顶的标高，以及外墙的窗洞口的高度尺寸。如图6-16所示，左、右两侧标注出了窗间墙高度以及楼梯间门窗的高度。外面一道是总高尺寸。此外还注有Ⓐ、Ⓔ轴线之间的宽度尺寸。

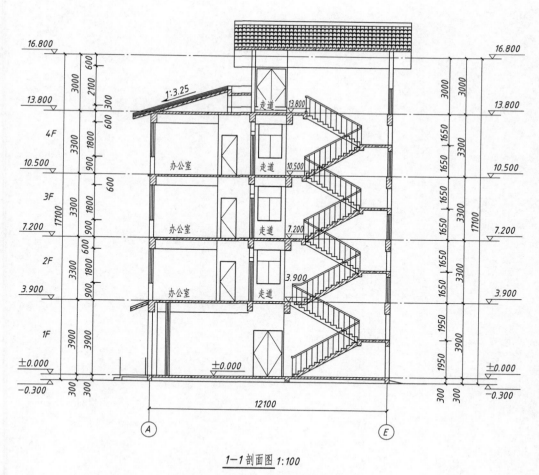

1—1剖面图 1:100

图6-16 1-1剖面图

思　考　题

1. 房屋的设计程序包括哪几个设计阶段？各阶段的设计成果是什么？
2. 房屋施工图根据专业不同可分为哪几类？建筑施工图主要表达哪些内容？
3. 房屋总平面图主要表达哪些内容？常用绘图比例有哪些？
4. 建筑平面图主要表达哪些内容？简述建筑平面图中的尺寸标注方法。
5. 建筑立面图主要表达哪些内容？简述建筑立面图中的尺寸标注方法。
6. 建筑剖面图主要表达哪些内容？简述建筑剖面图中图线用法。

第7章

计算机绘图

本章导学　本章的主要内容有 AutoCAD 绘图基础、二维绘图技术及成图方法。计算机绘图是土木工程图样的主要制图方法，也是工程技术人员必备的基本功。通过本章的学习和习题作业的实践，学生应掌握计算机绘图的基本技能，以及用 AutoCAD 绘制土木工程图样的初步方法。

本章基本要求：

1) 掌握 AutoCAD 绘图基础及成图方法。
2) 掌握 AutoCAD 图形编辑技术。
3) 掌握 AutoCAD 中图层、线型、线宽、颜色、文本、图块、尺寸标注等技术。
4) 掌握用 AutoCAD 绘制土木工程图样的方法。

■ 7.1　AutoCAD 绘图基础

7.1.1　AutoCAD 概述

在计算机绘图（Computer Drawing）中，AutoCAD 是目前国内外工程上应用较为广泛的绘图软件，它是美国 Autodesk 公司开发的一个交互式图形软件系统，该软件功能强大，操作方便，使用它可以代替手工快速画出各种工程图样。该系统自 1982 年问世以来，经过应用、发展和不断完善，版本几经更新。目前使用较多的是 AutoCAD 2012 以后的版本。本章将以 AutoCAD 2019 为背景，介绍 AutoCAD 的基本用法以及如何用它绘制二维图形。

1. AutoCAD 系统的安装和启动

在 AutoCAD 的全部文件安装完成后（软件安装的具体操作可参阅 AutoCAD 的有关资料），双击 AutoCAD 的桌面图标启动软件。

2. 图形的保存与输出

在当前图形已经完成或需退出图形编辑状态时，应先将当前图形保存起来。使用主菜单（单击 AutoCAD 界面左上角图标打开主菜单）中的"保存"或"另存为"选项可以保存图形，也可使用命令"SAVE"保存或"SAVE AS"另存图形文件。

完成的图形可在打印机或绘图机上打印出来，图形输出前需要在计算机系统中确认打印机或绘图机设备正确配置及启动。使用主菜单中的"打印"选项或键入 PLOT 命令可以实现图形输出。

3. 退出系统

使用主菜单中的"退出"选项或键入 QUIT 命令表示要结束工作，退出 AutoCAD 系统。退出之前如果未曾保存图形，系统会提醒图形保存，以避免由于误操作造成图形丢失。

7.1.2 AutoCAD 用户界面

AutoCAD 的界面样式即为工作空间，AutoCAD 提供了多种工作空间，用户也可以根据自己的操作习惯自定义工作空间。AutoCAD 的工作空间中有草图与注释、三维基础、三维建模等。常用的"AutoCAD 经典空间"可以通过自定义工作空间实现。本章主要介绍在草图与注释工作空间下的二维绘图，其用户界面如图 7-1 所示。

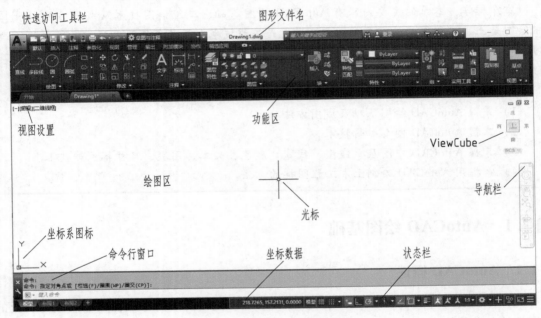

图 7-1 AutoCAD 2019 的草图与注释工作空间

1. 快速访问工具栏

快速访问工具栏位于程序顶部标题栏的左侧，包含一些使用频率较高的图标按钮，如"新建""打开""保存""打印""放弃""重做"和"工作空间选项框"等。用户可以单击快速访问工具栏右侧的下拉箭头图标设置快速访问工具栏中的项目。

2. 功能区

功能区位于程序顶部标题栏的下方，不同的工作空间包含了不同的功能模块组合。在草图与注释工作空间下，功能区由"默认""插入""注释""参数化""视图""管理""输出"等若干功能模块组合，每个功能模块均由一组相关的功能面板组成，每个功能面板又由一组功能图标按钮组成，很多图标按钮右侧或下方带有下拉箭头（小三角形图形）标志，单击下拉箭头可选择同类型的其他功能按钮或进行选项设置。

3. 绘图区

功能区下面的屏幕中央是最大的窗口区域，此即为绘图区，绘图区是绘制和显示图形的地方，例如输入文本、绘图、尺寸标注、插入图形图像等，图形的编辑修改也在此区域内完成。用户界面底部的左侧有若干个标签：一个"模型"标签和多个"布局"标签，分别表示绘图区的模型空间和图纸空间。

绘图区内有一个跟随鼠标运动的十字光标用来进行绘图定位，下方状态栏内的坐标数据表示光标的目前位置。

绘图区的左下角有一坐标系图标，标有 X、Y 的指示了 X、Y 轴的方向，在原点处画有一个小正方形，它表示这是世界坐标系。在 AutoCAD 中用户也可以建立自己的坐标系，即用户坐标系。

4. 命令行窗口

命令行窗口可悬浮停泊在绘图区内，也可放置在绘图区的下方，并可设置其显示的文本行数。它是命令行操作和提示的交互显示区域，在输入操作命令（或单击相关功能按钮）后，命令行将显示提示信息引导用户进行正确操作。命令行中的命令提示符是"命令："，当这个提示符出现时表明系统处于等待接受命令状态。可以使用<F2>键显示更多命令行内容。

5. 状态栏

状态栏位于用户界面底部的右侧。它显示光标的坐标值、辅助绘图工具、线宽、导航工具、注释工具、工作空间等用于控制并指示用户当前的工作状态。用户可以通过状态栏最右侧的自定义按钮设置状态栏内的项目内容。

6. 下拉菜单

常用的下拉菜单栏在 AutoCAD 新版本中未显示，用户可以单击快速访问工具栏右侧的下拉箭头图标设置"显示菜单"。下拉菜单栏位于程序顶部标题栏第二行，包含了一系列的命令和选项，用鼠标器选取菜单栏上的菜单项，可执行相应的操作命令或选项，如图 7-2 所示。

7. 工具栏

用户可以在绘图区布置许多工具栏，工具栏可悬浮停泊在绘图区内，也可固定在绘图区的周边，工具栏上排列着各种图标按钮，用鼠标按下某个按钮就可执行相应的命令。用户可以通过自定义工作空间或在下拉菜单栏的"工具"菜单设置工具栏，如图 7-2 所示。

7.1.3　AutoCAD 命令及其输入方法

1. 鼠标的使用

鼠标是用来控制屏幕上光标位置的，当在绘图区时，光标以十字图形显示；当在标题栏、功能区、状态栏时，光标以"箭头"形式显示；当在命令行时，光标以等待文本输入的"I"形式显示。

常用的三键鼠标，其按键的作用分别为：

1）左键：拾取键，用于定位、选择图形实体、选择按钮、选择菜单项等。

2）右键：快捷菜单键，用于打开右键快捷菜单，不同位置打开的菜单有所不同。

3）中键（滚轮）：用于对绘图区进行快速缩放和平移，当鼠标光标位于绘图区内时，

土木工程制图基础

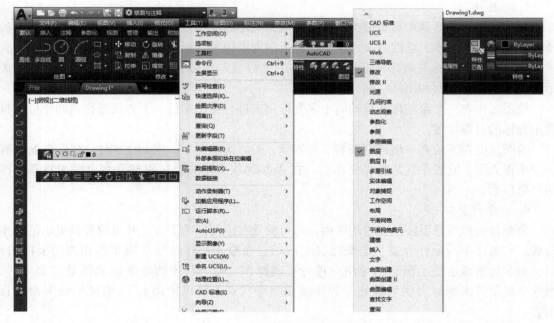

图 7-2　AutoCAD 的下拉菜单和工具栏

前后滚动滚轮，则以指针所在位置为中心将绘图区放大或缩小显示；当按下滚轮的同时移动鼠标，则对绘图区进行平移，相当于执行"PAN"命令。

2. 命令的输入

AutoCAD 是交互式绘图软件，对它的操作是通过命令实现的。命令有多种输入方式：点取图标按钮输入、命令行键盘输入、从菜单中点取菜单项输入等。

AutoCAD 大约有 300 多条命令，图标按钮上出现的只是其中的一部分，所以最基础的输入方法是命令行键盘输入。从命令行输入命令，命令名和选项中的字母大小写是等效的；使用键盘输入命令、选项、数据时，在很多情形下空格键等效于<Enter>键。

许多命令的名字很长，AutoCAD 给一些命令规定了别名，或称为短命令。例如，LINE 的短命令为 L、ERASE 的短命令为 E、COPY 的短命令为 CO、CIRCLE 的短命令为 C、POLYGON 的短命令为 POL。键入短命令等效于敲入了对应的命令。用户通过修改 AutoCAD 的 ACAD. PGP 文件可以自己定义命令别名。

有些命令可以透明地执行，即在别的命令的操作过程中插进去执行它。这样的命令叫透明命令，很多显示和状态控制命令都是透明命令。在命令行透明使用命令时要在命令名前键入一个单引号，如'ZOOM。

3. 命令的重复、终止和撤销

（1）命令的重复　无论以哪种方式输入了最后一条命令，都可以在命令提示符下再按一次<Enter>键或空格键，重复执行该命令。也可在鼠标光标处于绘图区时，单击鼠标右键打开快捷菜单重复执行最后一条命令。

（2）命令的终止　在执行命令的过程中，按下<Esc>键即可中止该命令的执行。

（3）命令的撤销　可以利用 U 命令撤销一个已执行命令或用 Undo 命令撤销若干个已执

行命令，用 Redo 命令可以恢复被 U 命令或 Undo 命令撤销的命令。也可在程序顶部的快速访问工具栏执行"放弃"或"重做"按钮。

4. 对图形的显示控制

为了便于绘图操作，AutoCAD 提供了一些控制图形显示的命令和方法。这些命令只是改变图形的显示效果，并不引起图形实际尺寸的变化。

（1）刷新屏幕　重画（REDRAW）命令可以刷新屏幕，清掉残留的标记符号和修复擦伤的线条。重新生成（图形重构）（REGEN）命令系统将重新计算图形数据，然后再刷新屏幕将图形显示出来。

（2）显示缩放　ZOOM 命令用来放大或缩小观察对象的视觉尺寸，而对象本身的实际尺寸则并未改变。也可使用导航栏中的缩放按钮实现。

（3）拖动　PAN 命令可将屏幕上的图形移动显示，而图形本身的实际位置则并未改变，这时光标变成了一只小手，按住鼠标左键移动光标则图形可被拖着移动。也可使用导航栏中的平移按钮实现。

5. 数据的输入

执行一条命令时往往需要输入必要的数据，下面简要说明几种数据的输入方法。

（1）点的定位　用鼠标在屏幕上直接定点。移动光标到达某个位置，按下鼠标的左键即完成了点的输入。在光标移动过程中，屏幕下方状态栏上显示点的坐标。

用键盘敲入点的绝对坐标，例如：100，200。

绝对坐标是以当前坐标系的原点为基准进行度量的。

用键盘敲入点的相对坐标，例如：@ 50，80。

符号@表示相对坐标，它后面的一对数字是相对于当前点的坐标增量。

用键盘敲入点的极坐标，例如：50<30 或 @ 20<30。

前者表示点距坐标原点的距离为 50，该点与原点的连线相对于 X 轴正向的夹角为 30°；后者表示点相对于前一点的距离为 20，两点连线的水平倾角为 30°。

（2）角度的输入　在默认状态下，角度的大小是自正 X 方向逆时针度量的，通常用度表示，可用键盘直接输入度数，也可通过鼠标确定角度大小。

（3）位移量的输入　当出现含有"位移"的提示时，表明系统要求用户输入位移量。可用键盘直接敲入位移量的 X、Y 分量值；也可用鼠标指定两个点来确定位移量。

7.1.4 设定绘图界限和图形单位

在开始绘图之前首先要进行一些基本的设置，如设置绘图界限、图层、颜色、线型、线宽、字样、尺寸标注样式等。这里只说明一下绘图界限和图形单位的设置，其他内容在后面介绍。

绘图区域是一个数字空间，绘图之前必须要确认区域大小及位置，同时也确定了绘图区域在当前坐标系的位置及坐标系原点的位置。设定绘图界限是通过给绘图区域的左下角、右上角设定坐标值来实现的，使用 LIMITS 命令可进行绘图界限的设置。

使用 UNITS 命令可进行图形单位的设置，包括长度单位和角度单位的设置，如图 7-3 所示。

7.1.5 常用绘图命令

1. 点

POINT 命令在指定的位置画一个点。点在图形中的显示形式可以是个小圆点，也可以是别的样子的标记。使用 PTYPE 命令可进行点样式设置，如图 7-4 所示。

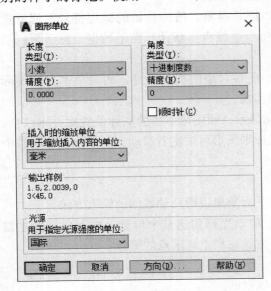

图 7-3 图形单位对话框图

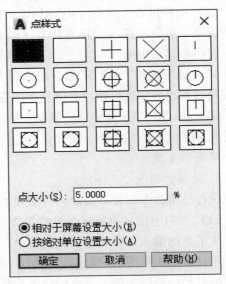

图 7-4 点样式对话框

2. 直线

LINE 命令按指定的端点画直线或折线。对于"指定第一点："的提示，若按<Enter>键回答，表示使用此前最后画的直线或圆弧的末端作为本次画线的起点。对于"指定下一点或［闭合（C）/放弃（U）］："提示的回答，可以指定一个点作为直线的端点，也可以回答一个 U，这表示要取消刚刚画出的一段直线，连续回答 U 就连续向前取消已经画好的线段，若键入 C，则将已画折线的最后端点与起点闭合起来，若按<Enter>键回答将结束画线命令。

3. 构造线

XLINE 命令通过指定的点画无限长直线，即构造线，所谓无限长直线是说它贯穿整个绘图区域，这样的直线常用作辅助作图线。

命令提示为"指定点或［水平（H）/垂直（V）/角度（A）/二等分（B）/偏移（O）］："

其中，选项 H 为过一点画水平无限长直线；V 为过一点画竖直无限长直线；A 为过一点画指定倾角的无限长直线；B 为画指定顶角的无限长分角线；O 为从指定直线偏移一段距离画它的无限长平行线。

4. 圆

CIRCLE 命令用多种方式画圆。

命令提示为"指定圆的圆心或［三点（3P）/两点（2P）/切点、切点、半径（T）］："

其中选项 3P 表示通过 3 点画圆；选项 2P 表示由两点决定直径画圆；选项 T 为按指定的半径作圆使与已知的两个直线、圆或圆弧相切。

5. 圆弧

ARC 命令用多种方式画圆弧。命令选项的不同组合可以实现 11 种画弧方式。

6. 椭圆

ELLIPSE 命令画椭圆或椭圆弧。

7. 正多边形

POLYGON 命令画正多边形。指定多边形的中心或给定边长的办法画正多边形。

8. 矩形

RECTANG 命令画矩形，矩形可以带有倒角或圆角。

命令提示为"指定第一个角点或〔倒角（C）/标高（E）/圆角（F）/厚度（T）/宽度（W）〕:"，键入第一个角点后，出现命令提示为"指定另一个角点或〔面积（A）/尺寸（D）/旋转（R）〕:"

其中 W 设置矩形的线宽，线宽以图形单位设置，当其值为 0 时实际线宽由 LWEIGHT 线宽命令来设置。RECTANG 命令画出的矩形样式如图 7-5 所示。

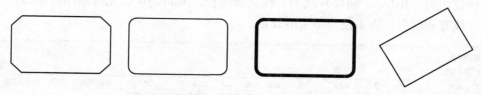

图 7-5　矩形的倒角、圆角、线宽及画斜放的矩形

9. 构造实心区域

SOLID 命令按输入的四个点或三个点来构造用当前绘图颜色填充的实心区域，按照 1-2-4-3-1 的连点次序围成四边形。绘图效果如图 7-6 所示。

10. 多段线

PLINE 命令绘制多段线。多段线是由连续的线段和弧段组成的，这些线段和弧段可以是不同的宽度，如图 7-7 所示。

图 7-6　构造实心区域　　　　　　　　　　　图 7-7　多段线

11. 样条曲线

SPLINE 命令绘制样条曲线。指定点后，屏幕呈现连续曲线形，曲线从第一点开始，依次通过其他点，终止于光标的当前位置。

命令提示为"输入下一个点或〔端点相切（T）/公差（L）/放弃（U）/闭合（C）〕:"

选项 L 用于设置拟合公差，即曲线与输入点之间所允许的偏移距离的最大值。拟合公差为 0 时样条曲线通过所指定的点，不为 0 时除起点和终点外曲线不一定总通过给定的每个点。

■ 7.2 图层、图块、图案填充及注写文字

7.2.1 图层

图层可以想象成没有厚度的透明图纸。通常把一幅图的不同图线、不同颜色和不同内容图形分别画在不同的图层上，而完整的图形则是各透明图层的叠加。所以图层是对图的图线、颜色、内容及状态进行控制的一种技术。0层是系统默认设定的图层，其余的图层要由用户根据需要去定义，层名可以是字母、数字或汉字。定义图层是设置绘图环境的一项必需工作，是开始画图之前应该完成的。

所有图层具有相同的坐标系、绘图界限和显示时的缩放倍数，各图层间是精确对齐的。

有关图层的操作可在图层特性管理器该对话框里进行，如图 7-8 所示。对每个图层可以指定它的线型、线宽（粗细）、颜色和打印样式。图层的线型、线宽、颜色是指在本图层上绘图时所使用的（ByLayer 随层）线型、线宽和颜色，AutoCAD 也允许绘图时单独设定当前的线型、线宽和颜色，而不使用图层的设定。

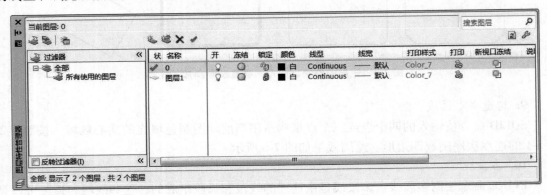

图 7-8　图层特性管理器对话框

1. 图层的关闭

打开的图层是可见的，关闭的图层是不可见的。只有可见的图层才能显示、编辑和输出，不可见的图层虽然也是图的一部分，但却不能显示、编辑修改和输出。

2. 图层的冻结

图层可以被冻结，冻结了的图层不能显示、编辑和输出，也不参加图形的重新生成运算。对于有大量图形实体的图形，可以将暂时不用的图层冻结，降低图形重新生成运算的时间，提高图形处理的效率。需要使用时再将冻结了的图层解冻。

3. 图层的锁定

图层可以被锁定，锁定了的图层仍然可见，只是不能对其中的图形实体进行编辑修改。给图层加锁可以保护实体不被选中和误操作修改。要想恢复对实体的编辑操作应先开锁。

4. 图层的不可打印性

图层可以设置为不可打印。不可打印的图层是可见的，只是不能打印输出。

5. 线型

线型是由一系列连续的点、空格及短线段组成的。默认状态图形中只有一种 Continuous（实线）线型，使用其他线型时应先将它们加载，如图 7-9 所示对话框中的加载按钮。AutoCAD 的线型文件 acadiso.lin 中提供了丰富的线型。常用的线型有 ACAD_ISO04W100（点画线）、ACAD_ISO02W100（虚线）等，如图 7-10 所示。

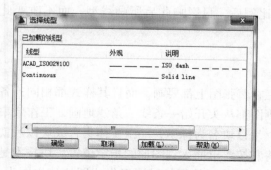

图 7-9 选择线型对话框

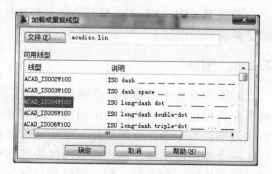

图 7-10 加载线型对话框

6. 颜色

颜色可简单地用颜色号表示，颜色号的取值为 1~255，其中 1~7 号颜色有标准的颜色名，具体的对应关系如下：1—红（Red）；2—黄（Yellow）；3—绿（Green）；4—青（Cyan）；5—蓝（Blue）；6—洋红（Magenta）；7—黑／白（Black／White）。颜色 7 取决于绘图区背景色，与背景色互反，如图 7-11 所示。当然颜色也可选择使用 RGB 真彩色。

7. 线宽

线宽表明图线的粗细，AutoCAD 将线宽定义为 24 种宽度，取值范围为 0.00~2.11mm，用户可在规定的线宽中选用。按照指定的线宽画出的图线将影响到图形的打印输出效果，但在屏幕上是否显示出粗细来可由底部状态行上的"线宽"按钮控制，图线在屏幕上显示的粗细比例可以调整，如图 7-12 所示。

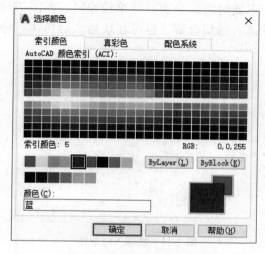

图 7-11 选择颜色对话框

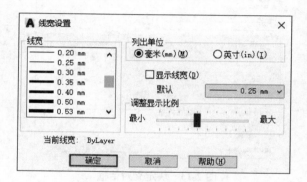

图 7-12 线宽设置对话框

8. 设置线型比例

通过设置线型比例可以调整线型的显示和打印输出大小，使用线型管理器（LINETYPE）对话框或线型比例命令调整线型的比例。

全局线型比例（LTSCALE）命令设置全局线型比例值，会改变所有已经画出的图线线型和将要绘制的图线线型。

新线型比例（CELTSCALE）命令设置线型比例后，只影响此后所画线型，而不改变此前已经画好的图线。

7.2.2　图块

画图中有些子图是要经常使用的，如标题栏在每张图上都要画，而且其样式都相同；各种专业符号也可能是经常要用到的。如果每次画图都从头开始一条线一条线地画，工作效率是很低的。AutoCAD 中的块是一组实体的集合，块以块名为标识，一组实体集合成块以后就成了一个单独的实体，用户可以通过块名索引将它按要求插入到图形的指定位置。块技术是建立图形库的一种手段，用户可以把自己专业领域内重复使用的子图形做成图块建立图库，以便画图时像搭积木那样调用图块快速组合构造出一幅图形。所以使用块技术可以在工程设计绘图中有效地提高成图的效率。

组成块的各个对象可以有自己的图层、线型、颜色。这些对象集合成块以后就成了一个整体，从而可以整体地对它施行诸如移动、复制、旋转、删除等操作。块可以嵌套，一个块内可以包含另一个或几个块。

1. 定义图块

使用 BLOCK（或 BMAKE）命令可通过对话框（图 7-13）定义块，在其中定义块名，设置块图形基点。定义的块保存在当前图形的数据中，可在当前的绘图操作中使用。

2. 块插入

使用 INSERT 命令可插入当前图形中定义的块，也可插入其他图形文件，如图 7-14 所示，单击"浏览"按钮选择插入的图形文件。在对话框中指定块插入位置点，定义插入时的比例和转角。插入进来的块是个独立的整体，不能对它的个别成分单独编辑。在图 7-14 中的对话框左下角，勾选"分解"复选框，可使插入的块分解，也可在块插入后再执行分解（EXPLODE）命令进行块的分解。

图 7-13　块定义对话框

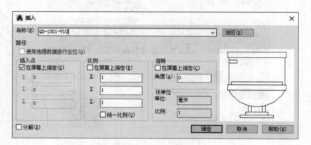

图 7-14　块插入对话框

3. 块存盘

使用 WBLOCK 命令可将已定义过的块、现时收集的图形目标或整个图形进行存盘。块存盘的文件是 DWG 图形文件，存盘的文件名不必与块名相同。

4. 块与图层的关系

块中各个对象可能是画在不同的图层上的，插入块时 AutoCAD 对图层有如下规定：

块插入后原来位于 0 层上的对象被绘制在当前层上，并按当前层的颜色、线型、线宽绘出；对于块中其他层上的对象，若块中有与图形同名的图层，则块中该层上的对象仍绘制在图形中同名的图层上，并按图形的该层颜色、线型、线宽绘制；而块中其他层及其上的对象则添加给当前图形。

7.2.3 图案填充

图案填充是指用图案将一封闭的区域填充，在工程图中画剖面线或材料符号用的就是这项操作。围成填充区域的边界称为填充边界，边界需是直线、构造线、多段线、样条曲线、圆、圆弧、椭圆、椭圆弧等实体或这些实体组成的块。在总的填充区域的内部，可能嵌套有另外一些较小的封闭区域，这些较小的内部封闭区域称为孤岛。对于包含有孤岛的填充区域来说，有三种填充方式：普通方式、外部方式、忽略方式，如图 7-15 中对话框右上角所示。

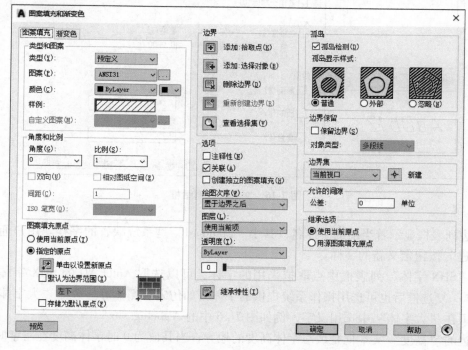

图 7-15 图案填充和渐变色对话框

使用 HATCH 命令可进行填充操作，通过命令的"设置"选项在图案填充和渐变色对话框中选择填充图案，如图 7-15 所示，AutoCAD 预定义的图案有 80 多种，被填充到图中的图案是个整体，可以使用 EXPLODE 命令将其分解。

在"角度和比例"组框内可指定填充图案的转角和比例系数，该系数将调节图案的疏密程度。

组框"图案填充原点"用于设置填充原点，以便图案能对齐边界上的某个点。

在对话框中间的"边界"组框内，可以查看调整填充区域的边界。在"选项"组框内可以设定填充图案是否与边界关联，有关联的填充图案会随着边界的变化而自动改变。

使用 HATCHEDIT 命令可对已经填充的图案进行编辑修改。也可通过"特性"对话框对图案进行编辑修改。选中图案对象后单击鼠标右键可以通过"特性"编辑修改。

7.2.4 注写文字

文字或称文本，是工程图的必要成分。注写文字之前先要定义使用的字体和字样，在具体注写时有单行文字和多行文字（段落文字）两种书写方式。

使用 STYLE 命令进入"文字样式"对话框，如图 7-16 所示。

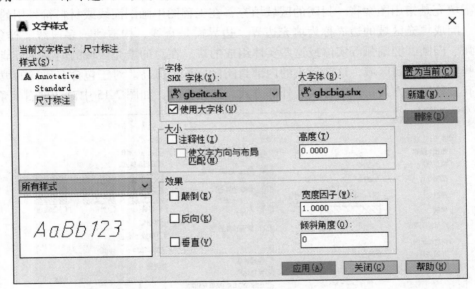

图 7-16　文字样式对话框

左边列表框显示着当前的字样名，其中"Standard"是系统缺省的字样。用户通过右边的"新建"按钮定义新的字样。

在"SHX 字体"列表框中点取拟采用的字体，可以选取 AutoCAD 的 SHX 字体。关闭"大字体"复选框后也可选用操作系统提供的字体，如仿宋、黑体等。选择"大字体"复选框后，可在"大字体"中选用汉字，例如图 7-16 中的"gbcbig. shx"。

右边的"高度"文本框是填写字体高度的地方，当其值为 0 时字体高度在写字时确定。

选用操作系统提供的字体时要选用不带 @ 符号的汉字字体，例如选用"仿宋_GB2312"，而不选用"@仿宋_ GB2312"，如图 7-17 所示。

总平面图　*1:500*　*Properties*　*⌀90*　*45°*　*±0.000*

图 7-17　文字注写示例

书写字母和数字可选用"gbeitc. shx"字体,这种字体和我国制图标准中的数字、拉丁字母的字体一致。

AutoCAD 提供了使用控制码实现特殊字符书写的方法。控制码以%%开头,例如:%%d 表示度的符号小圆圈;%%c 表示书写直径符号 φ;%%p 表示正负号±,如图 7-17 所示的文字注写示例。

使用 TEXT 命令书写单行文字,MTEXT 命令可书写多行文字(段落文字)。

选中文字对象后单击鼠标右键,其菜单中有"编辑"选项,可修改文字对象。通过"特性"对话框也可以修改文字的内容、几何参数以及各种属性。

■ 7.3　图形编辑

7.3.1　构造选择集

图形编辑是指对图形进行的修改、擦除、复制、变换等操作,使用编辑命令可以灵活快速地画出复杂的图形,因此图形编辑是成图技术的一个重要组成部分。要对图形进行编辑操作,需要选取拟处理的对象,被选中的目标构成选择集。选取目标的方法有:

1)指点方式。这是默认的方式,移动光标至要选取的图形实体上直接点取,选中的目标变为醒目的显示方式。

2)窗口方式。用 W 来响应,或从左向右拉出矩形方框,表示要用窗口来选取处理的对象,完全落入方框内的实体是被选中的目标,与方框边界相交的实体则不属于被选中的对象。

3)交叉窗口方式。用 C 来响应,或从右向左拉出矩形方框,表示要用交叉窗口选取处理的对象。落入窗口内和与窗口边界相交的实体都是选中的对象。

4)扣除方式。目标选取多了,可从选择集中扣除掉多选的实体,用 R 来响应选取目标的提示,进行扣除目标操作。

5)添加方式。用 A 来响应可从扣除状态切换到添加状态,以便继续选取目标。

6)ALL 方式。用 ALL 来响应表示选取全部实体,这时除了被锁住或冻结的实体外全部实体都被列入选择集。

7.3.2　实体的复制与删除

1. 复制(COPY)

选择复制对象,指定基点或位移,移动光标复制对象到指定位置。连续指定点就连续复制对象。

2. 擦除(ERASE)

该命令删除图形实体。其后可用 OOPS 命令恢复上一次删除的图形实体。

3. 偏移(画等距线)(OFFSET)

偏移命令用来生成与已有实体保持等距离(即平行)的新实体,如图 7-18 所示。偏移的结果与原实体的线型、线宽均相同,多段线偏移后仍为多段线,各线段保持连接关系不断开。

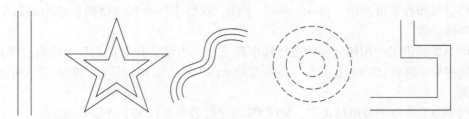

图 7-18　画等距线

OFFSET 命令提示为"指定偏移距离或〔通过（T）/删除（E）/图层（L）〕<通过>:"。

选项"删除（E）"用来确定在偏移时是否要删除原对象，选项"图层（L）"可将原对象从所属的图层偏移到当前的图层里。

4. 阵列（ARRAY）

阵列是实现多重复制的一个方法。把指定的目标复制成按一定规则排列的样式。阵列类型有矩形阵列、路径阵列、环形阵列。图 7-19 所示为矩形阵列和环形阵列示例。

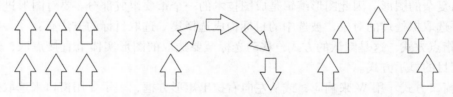

图 7-19　矩形阵列和环形阵列示例

7.3.3　等分、断开、修剪

1. 指定段数等分（DIVIDE）

使用 DIVIDE 命令可将选定的线段、弧或圆分成指定的等份。

2. 指定长度分割（MEASURE）

使用 MEASURE 命令可将选定的线段、弧或圆按指定的段长分割等分。

3. 断开（BREAK）

使用 BREAK 命令可将选定的实体剪断。可以两点断开，也可一个断开。

4. 修剪（TRIM）

TRIM 命令可将选定的实体剪出断口，用剪切边剪断的方法将指定的实体断开。图 7-20 中左边是用圆弧作为剪切边剪断圆形成环线，右边是将井字形图形修剪成类似于十字路口的样子。

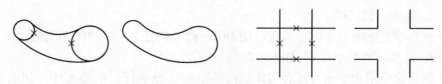

图 7-20　修剪

在执行修剪操作时按住〈Shift〉键去选取目标则可实现对象的延伸。

7.3.4　倒角

1. 倒棱角（CHAMFER）

使用 CHAMFER 命令可以对相交的两直线倒角。

2. 倒圆角（FILLET）

使用 FILLET 命令可以用指定半径的弧将已知直线、圆弧或圆光滑地连接起来。

7.3.5　图形变换

图形的平移、镜像、旋转、变比等都属于图形变换。但不要把这里说的变换与显示控制中缩放或移动的视觉现象混同，在显示控制中图的变化只是视觉上的，图本身的实际位置和尺寸并未改变，而这里说的变换是图形本身尺寸发生了变化。

1. 平移（MOVE）

使用 MOVE 命令可移动图形。

2. 镜像（MIRROR）

镜像即对称变换，使用 MIRROR 命令可画出已知图形的对称图形。

3. 旋转（ROTATE）

使用 ROTATE 命令可将选定的图形旋转一个角度。

4. 变比（SCALE）

使用 SCALE 命令可对所选图形的实际尺寸按比例进行缩放。

5. 延伸（EXTEND）

与 TRIM 命令的功能相反，EXTEND 命令可以延伸指定的线段、开口的多段线和圆弧，使其伸长到选定的某一边界处。

在执行延伸操作时按住〈Shift〉键去选取目标则可实现对象的修剪。

6. 变长（LENGTHEN）

使用 LENGTHEN 命令可以查看和改变直线、圆弧、椭圆弧、非闭合多段线、非闭合样条曲线的长度，对于圆弧还能查看到它的圆心角。

7. 拉伸（STRETCH）

使用 STRETCH 命令可在保持原有连接关系不被破坏的前提下将一部分实体移动，如图7-21 所示，将图中的门从左移到右。

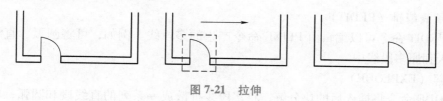

图 7-21　拉伸

7.3.6　实体的修改

1. 使用特性对话框修改对象的几何参数和属性

使用 PROPERTIES 命令、单击"特性"按钮或选中对象后单击鼠标右键，调出特性对话框，可以修改选定对象的几何参数和属性。"常规"特性信息包括颜色、图层、线型、线宽、线型比例等，"几何图形"特性信息包括对象的坐标、长度等参数，如图7-22所示。

2. 利用夹点功能进行编辑

夹点是可用于编辑操作，布局在实体上的控制点，这些点以小方块的形式显示出来，如图7-23所示。直接选取图形实体，则这些实体上便显示出一些小方块，实体本身也变为醒目的显示方式。这些小方块表示的就是夹点。当夹点出现后，选取其中一个点并单击鼠标左键，此夹点便成了基点，可以直接对实体进行拉伸、移动、旋转、缩放、镜像等操作，连续按<Enter>键可以切换不同的编辑操作。要撤销夹点显示可按<Esc>键。

图7-22 特性对话框图

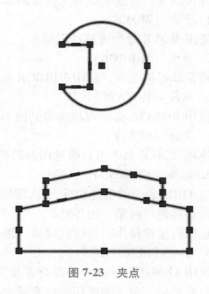

图7-23 夹点

3. 利用功能区内或工具栏上的特性列表框修改对象的属性

直接选取要修改的对象，然后在特性列表框（如图层、线型、颜色、线宽等）中直接修改即可。

4. 多段线编辑（PEDIT）

使用PEDIT命令可以编辑由PLINE命令产生的多段线。例如，可将圆弧、直线或其他多段线并入到原多段线中。

5. 分解（EXPLODE）

EXPLODE命令将插入后的块分解；将多段线拆散成一系列的直线段和圆弧；将一个完整的尺寸标注拆散为线段、箭头和文本；将填充图案分解成分离的对象等。但是块和尺寸拆开后其组成部分的颜色、线型有可能发生变化，而形状不会改变；多段线拆开后其宽度、切线方向等信息也将丢失，所有直线段和圆弧将按PLINE的中心线放置。

■ 7.4 绘图技术及成图方法

7.4.1 辅助绘图工具

1. 光标捕捉（SNAP）

使用 SNAP 命令可以生成一个分布在屏幕上的虚拟栅格，使得光标在移动中只能落在不可见栅格的一个格点上，这种工作状态称为光标捕捉。它可以与 GRID 栅格命令配合使用，以便光标在可见的 GRID 栅格上移动。使用 SNAP 命令、按<F9>功能键或在状态条上单击"捕捉"按钮也可实现光标捕捉功能的打开或关闭。

通过 SNAP 命令或在"捕捉"按钮上单击鼠标右键调出"草图设置"对话框，可以设置 X、Y 方向的捕捉间距及栅格的形式。

2. 图形栅格（GRID）

使用 GRID 命令可在屏幕上显示视觉参考栅格，在有参考栅格的屏幕上作图如同使用方格纸画图一样。使用 GRID 命令、按<F7>功能键或在状态条上单击"图形栅格"按钮也可实现栅格的打开或关闭。通过 GRID 命令或在"草图设置"对话框中可以设置图形栅格。

3. 正交方式绘图（ORTHO）

在正交方式下绘图，只能沿 X、Y 轴方向画线，在一般情况下即只能画水平和竖直线。使用 ORTHO 命令、按<F8>功能键或单击状态条上的"正交"按钮能打开或关闭正交绘图功能。

4. 对象捕捉（OSNAP）

在作图时如果需要使用图上的某些特殊点，如线段的端点、中点、交点等，若直接用光标定位，误差很大；如果直接输入坐标数字，又难以得到点的准确坐标数据。对象捕捉正是帮助用户迅速而准确地捕捉到可见实体上的这类特殊点，供作图定位使用。对象捕捉本身并不产生实体，而是配合其他命令使用的。

在对象捕捉状态下，移动光标到目标附近时，可显示出目标的某种捕捉标记。此时不管鼠标是否精确地到达了目标点，只要按下鼠标左键即可实现捕捉定位。

对象捕捉的类型如下：

END（端点）：捕捉到几何对象的最近端点或角点。

MID（中点）：捕捉到几何对象的中点。

CEN（圆心）：捕捉到圆弧、圆、椭圆或椭圆弧的中心点。

几何中心：捕捉到任意闭合多段线和样条曲线的质心。

NOD（节点）：捕捉到点对象、标注定义点或标注文字原点。

QUA（象限点）：捕捉到圆弧、圆、椭圆或椭圆弧的象限点。

INT（交点）：捕捉到几何对象的交点。

EXT（延伸）：当光标经过对象的端点时，显示临时延长线或圆弧，以便用户在延长线或圆弧上指定点。

INS（插入点）：捕捉到对象（如属性、块或文字）的插入点。

PER（垂足）：捕捉到垂直于所选几何对象的点。

TAN（切点）：捕捉到圆弧、圆、椭圆、椭圆弧、多段线圆弧或样条曲线的切点。

NEA（最近点）：捕捉到对象（如圆弧、圆、椭圆、椭圆弧、直线、点、多段线、射线、样条曲线或构造线）的最近点。

外观交点：捕捉在三维空间中不相交但在当前视图中看起来可能相交的两个对象的视觉交点。

PAR（平行）：可以通过悬停光标来约束新直线段、多段线线段、射线或构造线以使其与标识的现有线性对象平行。

对象捕捉有许多操作方法：

（1）单点方式　不打开对象捕捉功能，当作图过程中出现输入点的要求时，输入上面所列捕捉类型大写字符的名称指定一个或多个对象捕捉（输入多个名称时以逗号分隔），如"INT，CEN"，就进入了"交点和圆心"的捕捉状态。单点方式是一次性的，每次捕捉完成后即退出捕捉状态。在对象捕捉工具栏上单击捕捉类型按钮也可以实现单点捕捉。

（2）OSNAP 命令和自动捕捉　自动捕捉即为打开对象捕捉功能，使用 OSNAP 命令、按<F3>功能键或单击状态条上的"对象捕捉"按钮能打开或关闭对象捕捉功能。通过 OSNAP 命令或在"对象捕捉"按钮上右键调出"草图设置"对话框，打开或关闭"启用对象捕捉"复选框，及选择"对象捕捉模式"，如图 7-24 所示。

5. 自动追踪

自动追踪包括极轴追踪和对象捕捉追踪两种追踪方式。极轴追踪是按事先设定的角度增量来追踪点。对象捕捉追踪是按与对象的某种特定关系来追踪，这种特定关系确定了一个事先并不知道的角度。两种追踪方式可以同时使用。对象捕捉追踪必须与对象捕捉模式同时工作。

（1）极轴追踪　按<F10>功能键或单击状态条上的"极轴追踪"按钮能打开或关闭极轴追踪功能。极轴追踪功能可以在指定一个点时，按预先设置的角度增量显示一条辅助线，用户可以沿此辅助线准确地定位点。使用极轴追踪时，默认的角度增量为90°，用户可通过"草图设置"对话框对角度增量进行设置，如图 7-25 所示。极轴追踪不能和正交方式绘图并用。

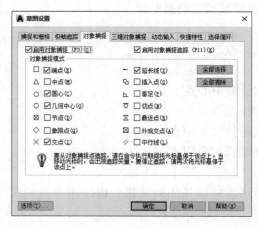

图 7-24　自动捕捉设置

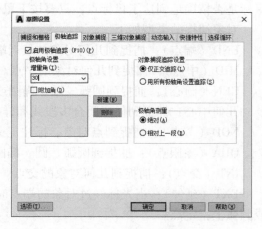

图 7-25　极轴追踪设置

（2）对象捕捉追踪　按<F11>功能键或单击状态条上的"对象捕捉追踪"按钮能打开或关闭对象捕捉追踪功能，对象捕捉追踪是沿着过某实体的捕捉点的辅助线方向进行追踪的，在使用该功能之前要先打开对象捕捉功能。对象捕捉追踪的方向可以在"草图设置"对话框内进行设置，如图7-25所示。

6. 建立用户坐标系（UCS）

在默认状态下AutoCAD使用世界坐标系（WCS）作为通用的定位基准，坐标系图标表示了世界坐标系的X、Y轴方向，而坐标系原点的位置与用户绘图界限（LIMITS）的设置相关。

根据画图的需要，用户可以建立多个用户坐标系（UCS）作为度量、定位的基准，便于度量和提高作图效率。用户坐标系的图标上没有小正方形。

UCS命令提示为"指定UCS的原点或［面（F）/命名（NA）/对象（OB）/上一个（P）/视图（V）/世界（W）/X/Y/Z/Z轴（ZA）］<世界>:"

通过UCS命令建立用户坐标系，并命名保存，以便绘图中随时切换不同的坐标系。

7. 查询

使用测量MEASUREGEOM命令可以测量选定对象或点序列的距离、半径、角度、面积和体积。

使用列表LIST命令可以显示选定对象的特性数据，如图层、颜色、线型、线宽、对象的厚度、标高、标注约束对象、几何参数等。

7.4.2　尺寸标注

1. 尺寸的标注形式

工程图中的尺寸一般由尺寸界线、尺寸线、起止符号和尺寸文本4个要素组成，如图7-26所示。在AutoCAD中起止符号笼统地称为箭头，其实它不仅仅是指实心箭头，还包含许多其他形式的起止符号，如45°短线、圆点等。尺寸标注出来以后，尺寸四要素组成一个尺寸块，所以一道尺寸就是一个图形实体。要想单独处理一道尺寸的局部成分，需要先将它分解。

AutoCAD尺寸的基本类型有：线性尺寸、角度型尺寸、直径型尺寸、半径型尺寸、坐标型尺寸、引线和公差等。

线性尺寸标注的是长度尺寸，根据尺寸线的性质又将它分为6种类型：水平标注、垂直标注、旋转标注、对齐标注、基线标注、连续标注。图7-27所示为基线标注和连续标注示例。

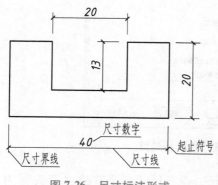

图 7-26　尺寸标注形式

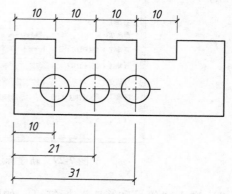

图 7-27　基线标注和连续标注

2. 设置尺寸标注样式（DIMSTYLE）

使用 DIMSTYLE 命令进行尺寸标注样式设置，如图 7-28 所示。用"新建"按钮创建新的标注样式。在"创建新标注样式"对话框中给出新样式的名称，以"ISO-25"为基础样式进行修改，使新样式符合制图标准的规定。

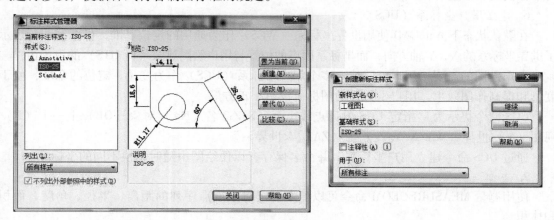

图 7-28　标注样式管理器对话框

1）进入新建标注样式对话框"线"标签页，如图 7-29 所示。设置尺寸线的"基线间距"（工程图上取 7~10mm），设置尺寸界线"超出尺寸线"（2~3mm），尺寸界线"起点偏移量"（大于 2mm），其他设置可用默认值。

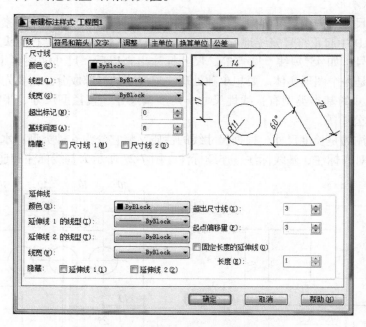

图 7-29　新建标注样式对话框"线"标签页

2）进入"符号和箭头"标签页，如图 7-30 所示。设置尺寸起止符的"箭头"为"建筑标记"，其中"箭头大小"为箭头长度值，与"45°短线"长度方向不同，可取 2~3mm。

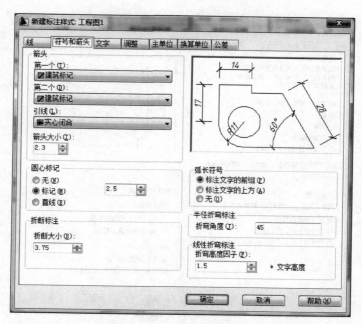

图 7-30 新建标注样式对话框"符号和箭头"标签页

3）进入"文字"标签页，如图 7-31 所示。设置"文字样式""文字高度""文字位置"和"文字对齐"。

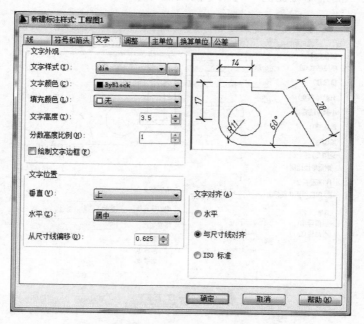

图 7-31 新建标注样式对话框"文字"标签页

4）进入"调整"标签页，如图 7-32 所示。"调整选项"设置文字箭头的位置，"标注特征比例"设置尺寸标注形状的缩放比例，在"优化"中可选"手动放置文字"。

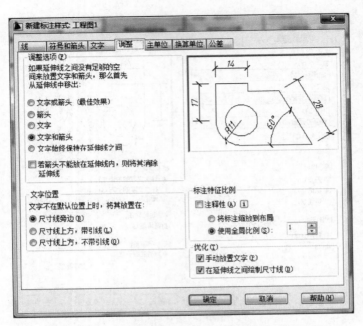

图 7-32 新建标注样式对话框 "调整" 标签页

5）进入 "主单位" 标签页，如图 7-33 所示。设置 "单位格式" 为小数，"精度" 表示保留的小数位数，"测量单位比例" 为尺寸测量值与标注值的比例因子。

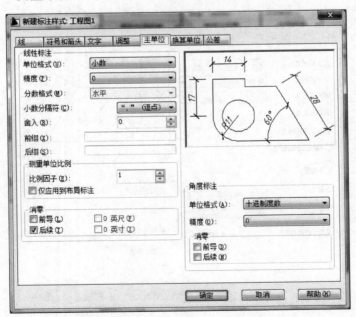

图 7-33 新建标注样式对话框 "主单位" 标签页

在土木工程图上标注尺寸，一般用不到 "换算单位" 和 "公差" 标签页。

3. 尺寸的标注

1）水平标注、垂直标注、旋转标注。使用 DIMLIN 命令进行水平尺寸、竖直尺寸和倾斜线性尺寸的标注。

2）对齐标注。使用 DIMALI 命令进行两点校准方式的线性尺寸标注。

3）基线标注（DIMBASE）。

4）连续标注（DIMCONT）。

5）角度尺寸的标注（DIMANG）。

6）直径和半径的标注（DIMDIA，DIMRAD）。

7）引线标注（QLEADER，LEADER）。

4. 尺寸标注的编辑

尺寸对象可以使用"特性管理器"对话框进行编辑修改，可用"夹点"进行编辑，也可使用 DIMEDIT 命令编辑，或将尺寸块分解后单独进行编辑。

7.4.3 建立样板文件

样板文件是将设置好的绘图工作环境保存起来的文件，如绘图界限、图层设置、尺寸标注样式、字样设置等。样板文件中可以只有绘图工作环境，也可以有每次都使用的图形，如图框、标题栏等。样板文件可以作为画图的初始模板，以避免每次画图时都从头开始逐项条件进行设置。样板文件的文件类型名为 DWT，文件放置在系统的 Template 子目录内，每次新建一张图时都可以选择样板文件建立新图形文件。

为了提高工作效率，用户应该根据自身的专业需要建立自己的样板文件。在土木工程制图中，由于尺寸的注写形式与 AutoCAD 的缺省设置不相同，仅设置尺寸标注样式的工作就是费时费力的操作，所以对于土木工程制图来说，建立自己的样板文件尤其显得重要。

样板文件中包含哪些设置、如何取值等，要根据用户的实际需要确定。下面以竖放 A4 幅面内用 1:1 的比例画图的需要为例，说明建立样板文件应包含的基本设置与作图。

1. 设置绘图界限

A4 幅面的尺寸为 210×297，设置绘图界限为（0，0）—（210，297）。

2. 设置图层、颜色、线型

图层 0，缺省图层。

图层 1，黑色，实线，线宽 0.5，绘制图框、标题栏。

图层 2，黑色，实线，线宽 0.5，画可见轮廓线。

图层 3，红色，点画线（选用 ACAD_ ISO04W100），线宽 0.13，画中心线、轴线用。

图层 4，蓝色，虚线（选用 ACAD_ ISO02W100），线宽 0.25，画不可见轮廓线、材料分界线用。

点画线、虚线的线型比例取 0.5。

图层 5，红色，实线，线宽 0.13，画剖面线、标注尺寸、写字用。

图层 6，绿色，实线，线宽 0.13，画辅助作图线。

3. 设置字体字样

建立"字样 1"，选用"gbeitc. shx"字体，勾选"大字体"复选框，大字体选用"gbcbig. shx"用于汉字的书写。

建立"字样2",选用"gbeitc. shx"字体,用于标注尺寸及字母数字的书写。

4. 设置尺寸标注样式

以 ISO-25 尺寸样式为基础建立"尺寸样式1",其下再建立角度、直径、半径、引线标注的子样式。具体设置方法参照前面的尺寸标注样式设置,其中"文字样式"取"字样2"。

5. 在图层 1 内画图幅的内、外边框线,及标题栏。

7.4.4 图形输出

完成的图样需要在绘图机或打印机上输出。进行图形输出操作之前需要先为系统配置好输出设备,应该在计算机操作系统中添加打印设备并安装驱动程序,图形输出前确认打印输出设备处于正常待机状态。

1. 图形输出前的页面设置

执行 PAGESETUP 命令或选择主菜单中的"打印/页面设置"项,在"页面设置管理器"对话框中选择"新建页面设置",调出"页面设置"对话框,如图 7-34 所示。该图形输出的页面设置将保存在当前的图形文件中。

图 7-34　页面设置对话框

"打印机/绘图仪"选项区用来选择输出设备。

"图纸尺寸"列表框用于指定图幅大小。

"打印范围"列表框用于指定输出的图形范围,从"窗口""范围""图形界限""显示"四项中选择一项。

"打印偏移"用来调节图形在图纸上的位置。

"打印比例"控制输出图形的大小,可选"布满图纸",也可选择具体的比例,这个比例表示的是图纸上的毫米长度与图形单位间的对应关系。

"图形方向"用来指定图形在图纸上的放法。

使用对话框左下角的"预览"按钮,可以预览各项设置的输出效果。按"确定"即结束页面设置。

2. 图形的打印输出

执行 PLOT 命令或选择主菜单中的"打印"项，或单击"打印"按钮，都将进入"打印"对话框，在对话框上部的"页面设置"中调出前面的设置项。"打印"对话框中显示了页面设置的各项内容，可以再次进行调整，如果这些设置没有改变的，直接单击"确定"按钮即可打印输出。

7.4.5 成图方法

使用 AutoCAD 绘图首先要做图形分析，考虑从何处入手、怎样合理地选用绘图命令。图形分析至少包括下面几点：

1）作图需要的环境条件。例如，按多大的比例来绘图，使用多大的图纸幅面，使用哪些线型，需要定义多少个图层等。

2）图形本身的几何关系。例如，图上哪些实体是可以直接画出的，哪些实体是由作图确定的，作图会遇到哪些捕捉类型点，图是否对称，是否需要定义用户坐标系等。

3）绘图的技术与技巧。例如要用到哪些辅助作图工具，采用哪些作图命令和编辑命令能够实现绘图要求和提高绘图效率等。

经过图形分析可以形成一个完成本项作图的技术方案。但实际上，绘制一幅图可能会有许多实施办法，方案不止一个。不同的成图方法也许都是可行的，也可能它们在工作效率和质量上有些差别，我们的目标是确保图的正确性，并力争快速、准确、优质地完成作图。

【例 7-1】 在 A4 幅面内用适当的比例绘制图 7-35 所示隧道断面图，并标注尺寸。

解：该图多处要遇到几何作图问题：画平行的直线，作圆弧与圆弧相切等。作图过程中要用到多种对象捕捉类型，如交点（INT）、端点（END）、圆心（CEN）、切点（TAN）等，还要用到许多编辑手段，如偏移（OFFSET）、修剪（TRIM）、延伸（EXTEND）、修改属性等。

根据图中尺寸，在竖放 A4 幅面内可用 1：10 的比例绘制图形。图形绘制时采用实际尺寸绘制，因此，图框采用反比例放大 10 倍；字体高度也放大 10 倍；线型比例取 6；尺寸的"标注特征比例"取 10；45°剖面线图案比例取 20；混凝土材料图案比例取 2。

该图有两种线型：Continuous 和 ACAD_ISO04W100；图中有两种图案填充；再考虑尺寸标注、注写文字和图框绘制，因此至少需要设置 6 个图层：

图层 1，黑色，实线，线宽 0.5，绘制图框、标题栏。

图层 2，黑色，实线，线宽 0.5，画可见轮廓线。

图层 3，黑色，点画线（选用 ACAD_ISO04W100），线宽 0.13，画中心线用。

图层 4，黑色，实线，线宽 0.13，绘制图案填充用。

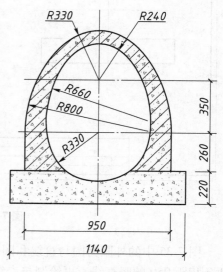

图 7-35 隧道断面图

图层 5，黑色，实线，线宽 0.13，标注尺寸用。

图层 6，黑色，实线，线宽 0.13，注写文字用。

根据工程制图要求设置尺寸标注样式和字体样式；

用 LIMITS 设置绘图界限为（0，0）—（2100，2970），使用 ZOOM All 显示全图范围。在图层 1 中绘制图框和标题栏，并书写其中的文字。

根据原图标注的尺寸及几何关系，首先在适当位置绘制中心线和基础部分的图形，如图 7-36a 所示。

图 7-35 中的内圈为四个相切的圆，根据图中尺寸以中心线交点为圆心画出半径 240 的圆和半径 330 的圆，再根据相切关系绘制与这两个圆内切的半径 660 的圆，左右各一个，如图 7-36b 所示。

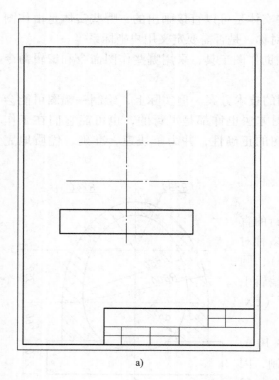
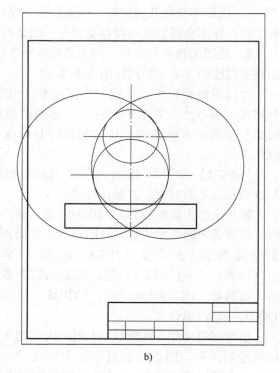

a)　　　　　　　　　　　　　　　b)

图 7-36　画隧道断面图底图

图 7-35 中的外圈为圆与直线和圆相切，根据图中尺寸先画出上面半径 330 的圆，再画两条相距 950 的竖直线，再绘制与直线和圆相切的半径 800 的圆，左右各一个，如图 7-37a 所示。

使用修剪命令整理图形，填充混凝土图案，在图形上部再填充 45°剖面线图案表示钢筋混凝土材料。最后进行尺寸标注，完成的图形如图 7-37b 所示。在将图形打印输出时，选择 A4 幅面图纸；打印范围指定为全部图形界限；打印偏移选择居中打印；打印比例为 1∶10；图形方向为纵向。

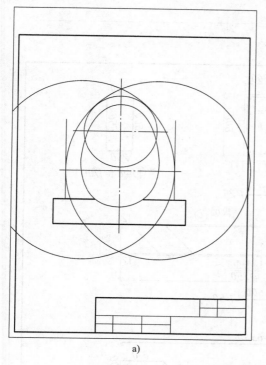
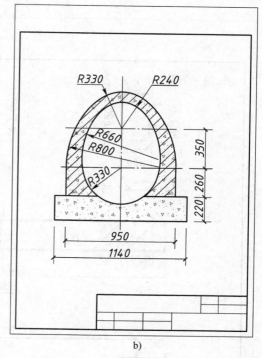

图 7-37　画隧道断面图

■ 7.5　用 AutoCAD 绘制钢筋混凝土构件图

本节以绘制图 7-38 所示简支梁的配筋图及其钢筋表为例，介绍综合运用 AutoCAD 二维绘图命令绘制钢筋混凝土构件图的方法和过程。任务要求如下：

根据图中所提供的资料，在竖放的 A4 幅面的图纸上绘制简支梁的配筋图，并填写钢筋表。梁的配筋立面图用 1：50 的比例绘制，两个断面图用 1：25 的比例绘制，各钢筋的成型图保持与相应的配筋立面或断面图的比例一致，并对齐布置它们的位置。最后要作图形输出，输出的成图样式如图 7-38 所示，图中只画出了标题栏表格，未给出表内各项内容。

7.5.1　绘图环境的建立

首先建立绘制钢筋混凝土结构图的样板文件。

1. 设置图层、颜色、线型

图层 0，为缺省图层。

图层 1，黑色，实线，线宽 0.4，绘制图框、标题栏。

图层 2，黑色，实线，线宽 0.4，画粗实线用。

图层 3，黑色，实线，线宽 0.2，画中粗线用。

图层 4，黑色，实线，线宽 0.13，画细实线、注尺寸、写字用。

图层 5，绿色，实线，线宽 0.13，画辅助作图线用。

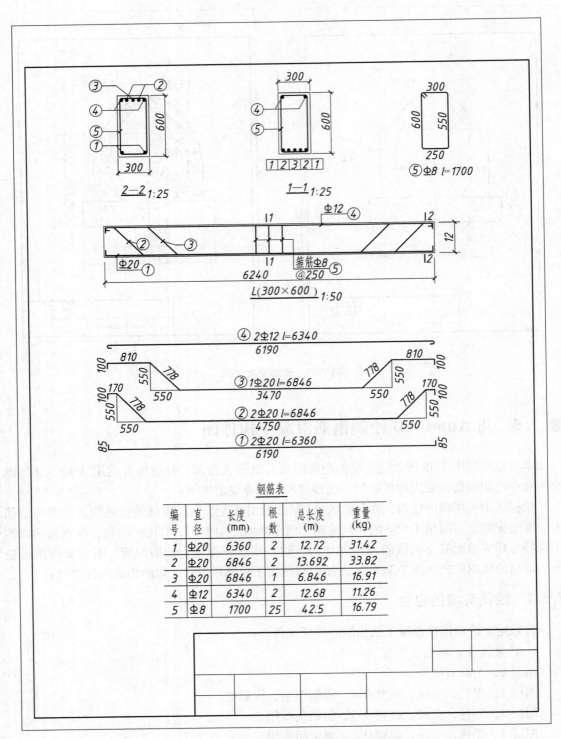

图 7-38 单跨钢筋混凝土简支梁构件配筋图

2. 设置字体字样

字样"图中汉字":选用"gbeitc. shx"字体,勾选"大字体"复选框,大字体选用"gbcbig. shx",用于汉字的书写。

字样"图中字符":选用"gbeitc. shx"字体,用于标注尺寸、书写字母及数字。

3. 设置尺寸标注样式

在样式 ISO-25 下建立线性标注、角度标注子样式,对于线性标注子样式,将"测量比例"设置为 50,用于标注配筋立面图上的尺寸。

另建立尺寸样式"断面图",在其下建立线性标注子样式,并设置测量比例为 25,用于标注断面图上的尺寸。

7.5.2 绘图工作流程

由于有两种绘图比例,所以不能在图形输出时才设置输出的比例,也不宜在 A4 的绘图界限内直接按不同的比例作图,因为那样将需对各个尺寸先进行比例换算才能用于度量定位。为了能在画图时使用实际的尺寸度量,输出时也还是用 1:1 的比例输出,对于这类作业可按如下的流程工作。

1)为了能根据图上标注的实际尺寸用 1:1 的比例画图。由梁的配筋立面图选用的 1:50 比例,可以将竖放 A4 幅面尺寸反比例放大 50 倍,则用 LIMITS 设置绘图界限为 (0,0) — (10500, 14850)。

2)按实际尺寸 1:1 地画出构件的配筋图、各钢筋的成型图、1-1 和 2-2 断面图,暂时不画断面图中的钢筋横断面小圆点。

3)执行比例变换 SCALE 命令,对整张图作比例变换,以 (0, 0) 为基准点,取比例系数为 0.02,则全图被缩小成原图的 1/50,即这些图就成了用 1:50 比例绘制的图形,图形完全在 A4 幅面内。

4)再执行比例变换 SCALE 命令,将 1-1、2-2 断面图,及各断面图右侧的 5 号箍筋成型图放大一倍,即这些图就成了 1:25 比例绘制的图形。然后再用移动命令调整图形到适当位置。

5)再次用 LIMITS 命令重新设置绘图界限为 A4 幅面尺寸,即 (0, 0) — (210, 297)。

6)画出 A4 幅面尺寸的图框、外边框线、标题栏、钢筋表的表格,然后在图框内调整图形到适当位置。

7)画出断面图中的钢筋横断面小圆点;标注尺寸;画引出线和钢筋编号小圆圈;标注各个视图名称,填写完成各处的文字和符号。

8)关闭辅助线图层,按 1:1 的比例打印出图。

7.5.3 成图技术

1)钢筋的品种符号没有对应的字符可供调用,需要专门制作。在直径符号 ϕ 中加画短直线,做成的符号可定义为块,并存盘。使用 1:1 的比例制作图块。

2)钢筋的横断面是一小圆点,可用圆环 DONUT 命令制作,圆环内径取 0,外径取 1mm。圆点做成后可定义为块,并存盘。

3)钢筋弯钩也定义为块,并存盘。

4）根据尺寸大约居中放置钢筋位置，满足保护层的要求。

5）画图时可先画各号钢筋的成型图，打开正交绘图功能，用复制的办法将它们对齐拷贝到配筋立面图和断面图的外形轮廓中，这样既快速又准确。

6）由于打印机的可打印区域略小于其纸张大小。在打印时，打印范围通过"窗口"方式指定 A4 纸的外边线为打印范围，打印偏移选择居中打印，打印比例为 1∶1，这样打印出的 A4 图纸可以满足图框要求。

思 考 题

1. 在点的定位中可以采用几种坐标输入方法？有何异同？

2. 什么是图形实体？什么是图层？

3. 什么是图层的冻结？什么是图层的关闭？二者的区别在哪里？

4. 绘制直线有几种方法？如何绘制有一定宽度的直线？

5. 如何绘制半径为 R 且与两条直线相切的圆？如何绘制半径为 R 且与三条直线均相切的圆？

6. 如果想放大显示图形的某局部细节，应该运行什么命令？

7. 绘图命令中的多段线是什么？它有哪些选项？有什么含义？

8. 绘图命令中的构造线是什么？它有哪些选项？有什么含义？

9. 绘制矩形命令中都有哪些选项？各有什么含义？

10. 试比较编辑命令 BREAK 与 TRIM 的异同。

11. 试比较编辑命令 TRIM 与 EXTEND 的异同。

12. 试比较编辑命令 SCALE 与 ZOOM 的异同。

13. 试比较编辑命令 PAN 与 MOVE 的异同。

14. 辅助绘图命令 ORTHO、GRID、SNAP、OSNAP 各有什么作用及区别？

15. 在注写文字中，什么是单行文字？什么是多行文字？

16. Auto CAD 的尺寸标注有几种类型？

17. 如何修改已经注写的尺寸文字？

18. 试说明块的概念及其作用。如何定义块、插入块？

19. 在图案填充中，什么是孤岛？

20. 什么是样本文件？

第8章

BIM技术简介

本章导学 本章主要介绍 BIM 技术的概念和特性，介绍 Revit 软件操作技术以及创建建筑三维模型的一般过程。

本章基本要求：

1）了解 BIM 技术的概念及其特性。

2）掌握使用 Revit 软件建模的一般过程。

3）掌握使用 Revit 软件渲染出图的技术。

■ 8.1　BIM 技术概述

8.1.1　BIM 的基本定义

BIM 的全称是"Building Information Modeling"，译为建筑信息模型。目前较为完整的定义是美国国家 BIM 标准（National Building Information Modeling Standard，NBIMS）的定义："BIM 是设施物理和功能特性的数字表达；BIM 是一个共享的知识资源，是一个分享有关这个设施的信息，为该设施从概念到拆除的全寿命周期中的所有决策提供可靠依据的过程；在项目不同阶段，不同利益相关方通过在 BIM 中插入、提取、更新和修改信息，以支持和反映各自职责的协同工作"。

我国国家标准《建筑信息模型应用统一标准》（GB/T 51212）和《建筑信息模型施工应用标准》（GB/T 51235）对 BIM 的定义为：在建设工程及设施全寿命周期内，对其物理和功能特性进行数字化表达，并依此设计、施工、运营的过程和结果的总称，简称模型。

BIM 可以理解为利用三维可视化仿真软件将建筑物的三维模型建立在计算机中，这个三维模型中包含着建筑物的各类几何信息（几何尺寸、标高等）与非几何信息（建筑材料、采购信息、耐火等级、日照强度、钢筋类别等），是一个建筑信息数据库。项目的各个参与方在协同平台上建立 BIM 模型，根据所需提取模型中的信息，及时交流与传递，从项目可行性规划开始，到初步设计，再到施工与后期运营维护等不同阶段均可进行有效的管理，显著提高效率减少风险与浪费，这便是 BIM 技术在建筑全寿命周期的基本应用。

综上所述，广义的"BIM"中的"M"有三种含义，即 Model（模型）、Modeling（模型应用)、Management（管理），简称"3M"。

8.1.2　BIM 的主要特点

真正的 BIM 技术应符合以下八个特点：

1. 可视化

如图 8-1 所示，BIM 的可视化是一种能够在同构件之间形成互动性和反馈性的可视，在 BIM 建筑信息模型中，由于整个过程都是可视化的，所以可视化的结果不仅可以用于效果图的展示及报表的生成，更重要的是，项目设计、建造、运营过程中的沟通、讨论、决策都可以在可视化的状态下进行。

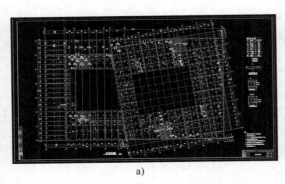
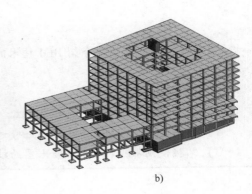

a)　　　　　　　　　　　　　　　　　　　　　b)

图 8-1　2D 图样与 3D 模型

a）2D 图样　b）3D 模型

2. 协调性

如图 8-2 所示，BIM 建筑信息模型可在建筑物建造前期对各专业的碰撞问题进行协调，生成协调数据，并将其提供出来。当然 BIM 的协调作用也并不是只能解决各专业间的碰撞问题，它还可以解决电梯井布置与其他设计布置及净空要求的协调，防火分区与其他设计布置的协调，地下排水布置与其他设计布置的协调等问题。

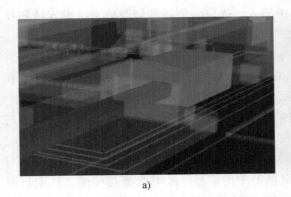
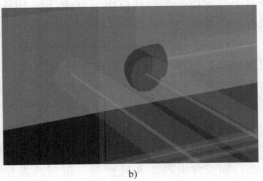

a)　　　　　　　　　　　　　　　　　　　　　b)

图 8-2　碰撞检测

a）排风管与送风管冲突　b）梁与消防水管弯头碰撞

3. 模拟性

在设计阶段，BIM 可以对设计上需要进行模拟的一些东西进行模拟试验，如节能模拟、紧急疏散模拟、日照模拟、热能传导模拟等，如图 8-3 所示；在招投标和施工阶段可以进行 4D 模拟（三维模型加项目的发展时间），也就是根据施工的组织设计模拟实际施工，从而确定合理的施工方案来指导施工。同时还可以进行 5D 模拟（基于 3D 模型的造价控制），从而实现成本控制；后期运营阶段可以模拟日常紧急情况的处理方式的模拟，如地震人员逃生模拟及消防人员疏散模拟等。

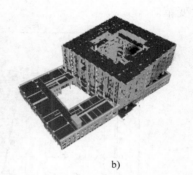

a)　　　　　　　　　　　　　　　　b)

图 8-3　仿真模拟

a）紧急疏散模拟　b）火灾模拟

4. 优化性

（1）项目方案优化　把项目设计和投资回报分析结合起来，设计变化对投资回报的影响可以实时计算出来；这样业主对设计方案的选择就不会主要停留在对形状的评价上，而更多的是可以使得业主确定哪种项目设计方案更有利于自身的需求。

（2）特殊项目的设计优化　裙楼、幕墙、屋顶、大空间等常见异型设计，虽然这些内容占整个建筑的比例不大，但是占投资和工作量的比例却往往很大，而且通常也是施工难度比较大和施工问题比较多的地方。对这些内容的设计施工方案进行优化，可以显著地缩短工期和降低造价，如图 8-4 所示。

图 8-4　管综优化

5. 可出图性

应用 BIM 对建筑物进行可视化展示、协调、模拟、优化后，业主可以获取如下图纸：建筑施工图；平法施工图（图 8-5）；综合管线图（经过碰撞检查和设计修改，消除了相应错误以后）；综合结构留洞图（预埋套管图）；碰撞检查报告和建议改进方案。

由上述内容，可以大体了解 BIM 的相关内容。世界上的很多国家已经有了比较成熟的 BIM 标准或者制度。BIM 在我国建筑市场内要想顺利发展，必须将 BIM 和国内的建筑市场特色相结合，才能够满足国内建筑市场的特色需求，同时 BIM 也将会给国内建筑业带来一次巨大变革。

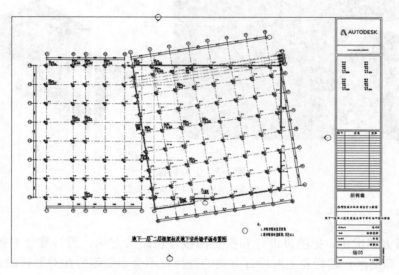

图 8-5　Revit 导出平法施工图

6. 一体化性

基于 BIM 技术，相关设计人员可进行从设计到施工再到运营贯穿工程项目的全寿命周期的一体化管理。BIM 的技术核心是一个由计算机三维模型所形成的数据库，其不仅包含建筑的设计信息，而且可以容纳从设计到建成使用，甚至是使用周期终结的全过程信息。

7. 参数化性

参数化建模指的是通过参数而不是数字建立和分析模型，简单地改变模型中的参数值就能建立和分析新的模型；BIM 中图元是以构件的形式出现，这些构件之间的不同，是通过参数的调整反映出来的，参数保存了图元作为数字化建筑构件的所有信息。

8. 信息完备性

信息完备性体现在 BIM 技术可对工程对象进行 3D 几何信息和拓扑关系的描述以及完整的工程信息描述。

8.1.3　BIM 实施原理与流程

工程项目的建设涉及政府部门、建设单位、设计单位、施工单位、运营商等几大类。其中，设计单位包含建筑设计、结构设计、机电设计等；施工单位包括基础工程、主体结构、装饰装修、机电安装等。其中所包含的如材料供应商、管理单位、运营、环保、能源等参与单位多达数百家（甚至上千家）。建筑使用年限短则数十年，长则上百年。BIM技术贯穿建筑全寿命周期，在可行性研究、初期规划、设计、施工、运营、维护以及最后的拆除阶段均以信息作为纽带，连接着项目各阶段的参与单位。信息的载体就是BIM模型，故BIM模型就成了BIM技术的核心。

基于BIM技术的应用流程为：建筑、结构、机电在同一个协同平台上进行各自的专业建模设计，通过各方多次协调、讨论、修改后形成BIM总模型。该模型的特点是具有前期规划、设计相关的一切结构化信息，并且可以在任何时间、地点进行有效的存取和传递。随着项目的进展，施工及后期运维的相关人员参与进来，更多的信息通过协同平台进入总模型中。不同阶段的人员可根据自身所需提取信息开展相关应用，如施工与设计的碰撞冲突检测、构件细部可视化设计、工程进度模拟与图纸输出等。保证信息的及时传递与高效应用也正是BIM技术的初衷。

8.1.4　Revit软件

由Autodesk有限公司开发的Revit系列产品，提供给建筑从业者一个三维参数化设计平台。初期Revit软件分为Architecture、Structural、MEP三大元素，其目的是为了满足不同专业设计师对建模设计的需求。随着时间的推移，这三大功能最初在Revit2013版本中得到了集成，使得协同设计可以在同一软件中进行。

在Revit中，建筑设计师选用建筑模板并利用参数化建模功能可以极快地创建所需的建筑模型。建筑专用模块下拉菜单中包含建筑柱、墙、门窗等多类构件可供使用者选用。

建筑模块右侧的结构模块，提供结构柱、梁、板等结构构件的设计功能，结构设计师可以方便地提取各类结构构件进行使用。第三个系统模块提供给机电、暖通、给水排水专业设计师管线系统的建模功能，管线模型中包含了不同管线位置、功能、材质、成本等详尽信息。各专业利用三个不同功能，凭借软件内强大的信息交换能力构建协同平台能够轻易实现多专业协同设计，如图8-6所示。

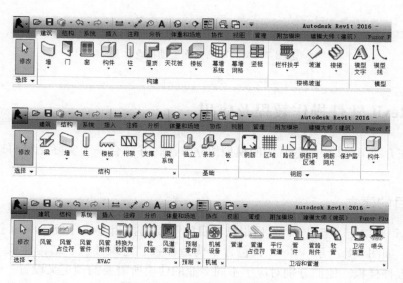

图8-6　Revit各模块操作界面

Revit 系列产品的优势主要有四个方面：

1）界面友好，功能分区完善，初学者可以很快上手。

2）软件可以将各专业作为整体，在同一时间开始展开各自的设计，通过信息的传递与共享搭建建筑整体 BIM 模型，各专业参与度高。

3）参数化的关联性修改，设计师可以根据其他专业的修改信息及时更改模型，达到高效率的协同作业。

4）剖面功能极为强大，对于异形建筑的定位以及结构梁柱的布置非常容易。

Revit 系列产品的劣势：作为使用率较高的核心建模软件，Revit 的参数化规则（软件内部计算方法）在对曲面结构进行设计时往往具有较大难度，特别是异类连续形曲面结构，如不规则曲面屋顶、幕墙、古建筑等。目前能够利用概念体量的方法完成复杂曲面的造型，但操作过程过于繁杂，需要通过空间描绘、拉伸、旋转以及融合联合使用，如图 8-7 所示。国内大型设计院对于 BIM 模型中的曲面设计环节，大多通过院内自制二次开发插件，输入曲面公式，然后在 Revit 中直接生成曲面。

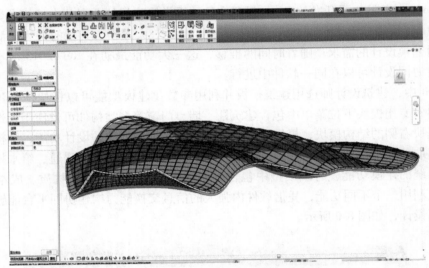

图 8-7　某汽车站曲面屋顶概念体量

■ 8. 2　Revit 软件操作教程及应用

本节旨在介绍 Revit 中一些常用的模型建立方法，并结合一个实际工程对这些方法进行应用。

8. 2. 1　项目的建立

打开 Revit 并单击"新建"，然后根据项目的需要选择相应的样板。Revit 提供了几种样板可供选择，如图 8-8 所示。Revit 共包含了构造样板、建筑样板、结构样板、机械样板以及"无"这五种样板。他们分别对应了不同专业的建模所需要的预定义设置。

项目样板的存储位置可以在开始→选项→文件位置中找到，也可以下载其他的项目样板放到文件位置中，还可以自己制作项目样板放到文件位置中供以后使用。

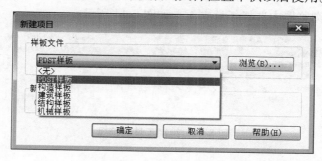

图 8-8　Revit 样板

8.2.2　标高与轴网建立

在模型建立前，需要对标高以及轴网进行建立。

1. 轴网的建立

轴网的建立主要有两种方法，下面分别介绍如下：

（1）方法一　利用菜单栏建立轴网，步骤如下：

1）在菜单栏上选择"建筑"模块，然后选择"轴网"，如图 8-9 所示；

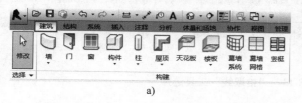

图 8-9　选择轴网

a）建筑模块　b）轴网选项

2）在"属性"栏中选择轴网的样式，本例选择"6.5mm 编号"，如图 8-10 所示。

3）在"绘制"工具栏（图 8-11）中选择线条种类，便可绘制需要的轴网。

（2）方法二　利用"插入"模块建立轴网，步骤如下：

1）在"插入"模块中选择"导入 CAD"（图 8-12），然后选择带有轴网的 CAD 图纸并导入 Revit 中。

2）在"绘制"中选择拾取线按钮，然后直接点选 CAD 中的轴线，便可直接在 Revit 中生成轴线，如图 8-13 所示。

在图纸翻模中，通常采用方法二，直接导入已有带有轴网的 CAD 图纸并通过拾取来绘制轴网。

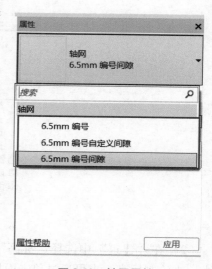

图 8-10　轴网属性

2. 标高的建立

1）首先在项目浏览器中选择任意立面，如图 8-14 所示。

图 8-11　绘制工具的选择

图 8-12　导入 CAD

图 8-13　"拾取线"工具选择

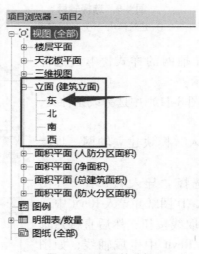

图 8-14　立面的选择

2）在"建筑"中选择"标高"，然后在"绘制"中选择合适的绘制工具（直线或拾取线）来绘制标高，也可通过单击面板中的数字来调整标高的位置，如图 8-15 所示。

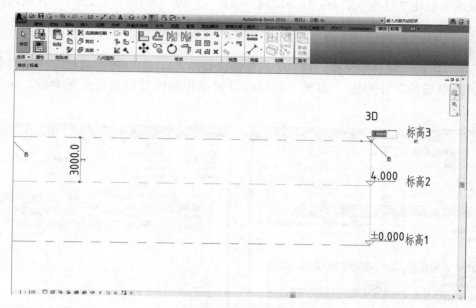

图 8-15　标高的修改

8.2.3　常用建筑构件的建立

在完成标高和轴网的绘制后，便可进行后续的工作——构件的绘制。Revit 中"建筑""结构"以及"系统"三大模块提供了丰富的构件可供用户自行选择，针对不同的专业，可选择不同的模块进行模型的绘制，如图 8-16 所示。本节仅介绍建筑构件的建立。

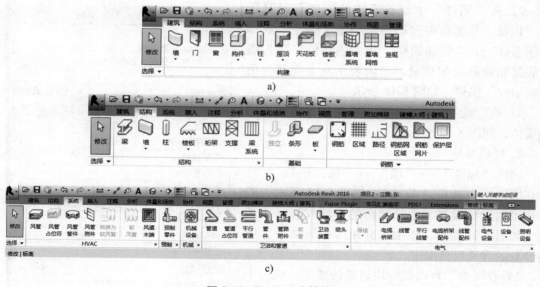

图 8-16　Revit 三大模块

a）建筑模块　b）结构模块　c）系统模块

建筑模型的建立过程一般为：标高轴网→墙体→门窗→楼梯（或坡道）→其他构件（栏杆扶手、顶棚、内建构件等）。依据此顺序，来介绍各构件的绘制方法。

1. 墙体★

1）在"建筑"模块中选择"墙"（或按快捷键WA），然后在"属性"中选择编辑类型。在"类型属性"中单击"编辑"便可以设置墙体的厚度以及材质等参数，如图8-17所示。

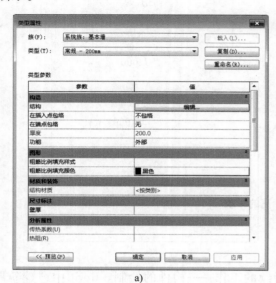
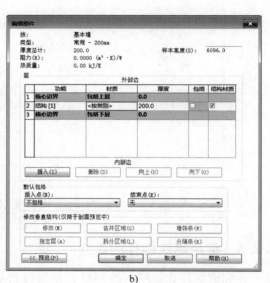

a） b）

图 8-17 墙类型设置

a）类型属性 b）编辑部件

2）在"属性"中设置墙体的"底部限制条件"以及"顶部约束"（墙高＝"顶部约束"－"底部限制条件"）；"底部偏移"和"顶部偏移"为墙体底部和顶部的偏移量，正值表示向上偏移，负值表示向下偏移，如图8-18所示。

3）在"绘制"中选择合适的绘图工具便可绘制墙体，如图8-19所示。

2. 玻璃幕墙

选择"建筑"→"墙"→"墙：建筑"，然后在属性栏中选择"幕墙"，如图8-20所示，若直接采用默认设置，则绘制出的幕墙仅有一块玻璃，如图8-21所示。下面来介绍"编辑类型"中各参数的含义以及用法。

"垂直网格"可以把一块玻璃按要求分成若干小块，划分方式如图8-22所示，有"固定距离""固定数量""最大间距"以及"最小间距"四

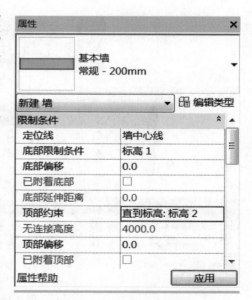

图 8-18 墙体属性设置

种，其划分效果如图 8-23 所示。

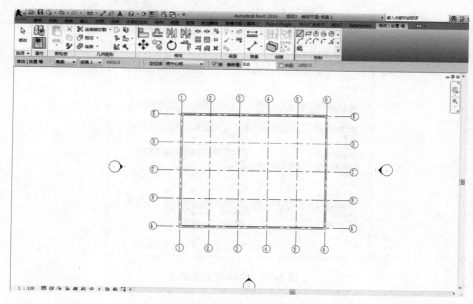

图 8-19 墙体绘制

图 8-20 选择幕墙

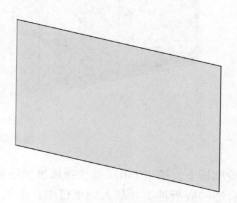

图 8-21 预设幕墙绘制

"水平网格"和"垂直网格"的划分方法一致，其划分效果如图 8-24 所示。

"垂直竖梃"是在"垂直网格"划分后，在网格的边缘加一个"竖梃"，如图 8-25 所示。

下面介绍如何在幕墙上开设玻璃门，首先在绘制完成的玻璃上利用"编辑类型"→"垂直网格"把玻璃分隔成需要的大小（图 8-26a）；划分完成后，鼠标放在需要开设玻璃门

图 8-22　网格划分方式

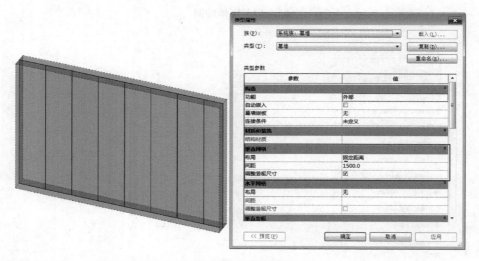

图 8-23　垂直网格划分

的玻璃板上，按〈Tab〉键选择该玻璃嵌板（图 8-26b）；"编辑类型"→"载入"按需要选择合适的嵌板种类并载入到项目中，本例选择"窗嵌板→双扇推拉无框铝窗"，即可完成嵌板的替换（图 8-26c~f）。

3. 门和窗

（1）门

1）在"建筑"模块中选择"门"（或按快捷键 DR），然后在"属性"中单击"编辑类型"，便可在"类型属性"对话框中对门的各参数进行定义，如图 8-27 所示。

2）在"属性"栏中定义门的底高度后，便可直接在墙体上点选插入门的位置，如图 8-28 所示。此外，在图中可点选"双向箭头"符号对门的开向进行修改。

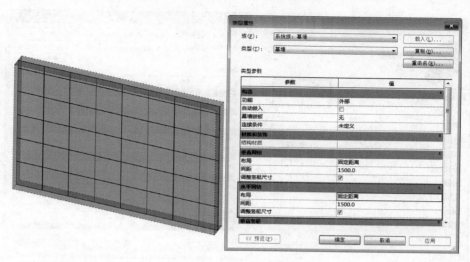

图 8-24　水平网格划分

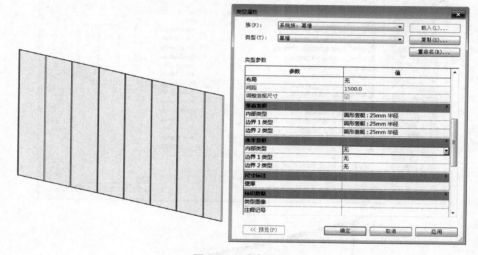

图 8-25　垂直竖梃

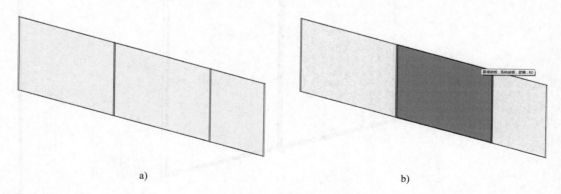

a)　　　　　　　　　　　　　　b)

图 8-26　幕墙上开设门窗

a）划分玻璃幕墙　b）选择幕墙嵌板

c)　　　　　　　　　　　　　　　　d)

e)

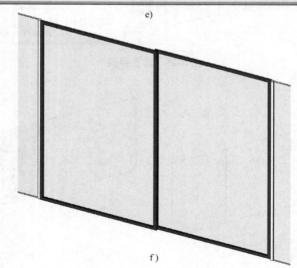

f)

图 8-26　幕墙上开设门窗（续）

c）编辑类型　d）载入嵌板　e）选择需要载入的嵌板　f）嵌板替换完成

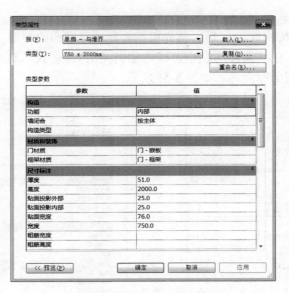

图 8-27　门属性定义

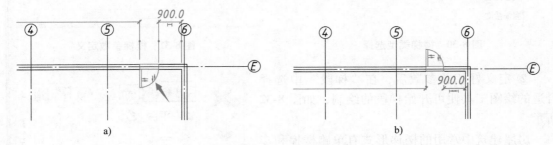

图 8-28　门的绘制及修改

a）门绘制　b）开向修改

（2）窗　窗的绘制方法与门类似，这里不再赘述。

4. 楼梯与坡道

（1）楼梯　在 Revit 中，楼梯的绘制有按构件绘制和按草图绘制两种方式（见图 8-29）。一般绘制常规楼梯选择按构件绘制方式比较便捷，对于弧形等异形楼梯推荐使用按草图绘制方式进行绘制，下面分别介绍两种绘制方式。

图 8-29　楼梯绘制方式

1）按构件绘制方式。

① 选择"楼梯（按构件）"后，首先根据需要选择楼梯的类型（本例选用现场浇筑楼梯，如图 8-30 所示），在"属性"栏中选择"编辑类型"，进入"类型属性"中定义踢面和踏板的尺寸以及平台板的厚度等，如图 8-31 所示。

图 8-30　楼梯类型选择

图 8-31　楼梯参数定义

② 定义好相关参数后，在"梯段"中选择合适的绘图工具便可开始梯段的绘制，如图 8-32 所示。

房屋建筑中常用的楼梯形式有单跑楼梯和多跑楼梯，选择"直梯"后在"实际梯段宽度"中输入梯段宽度值，如图 8-33 所示，便可在工作区绘制进行楼梯的绘制。

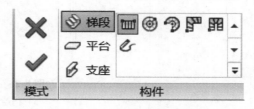

图 8-32　梯段绘制工具选择

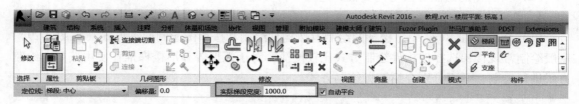

图 8-33　梯段宽度定义

根据用户设置的"顶部标高"和"底部标高"以及"踏步高度"，Revit 会自动计算出所需要的踏步数，本例中程序所计算出的踏步数为"23"，若在绘制过程中一次性用光所有踏步便可绘制出直梯，如图 8-34a、b 所示。若先用 11 级踏步绘制出一段梯段，然后再在平行位置处用剩余踏步绘制出另一段梯段，便可直接绘制出双跑楼梯，如图 8-34c～f 所示。其余多跑楼梯的绘制方法跟双跑楼梯绘制方法类似，这里不再赘述。

下面再来介绍一种更为复杂的"Y"型楼梯绘制方法，同双跑楼梯的方法一样，在工作

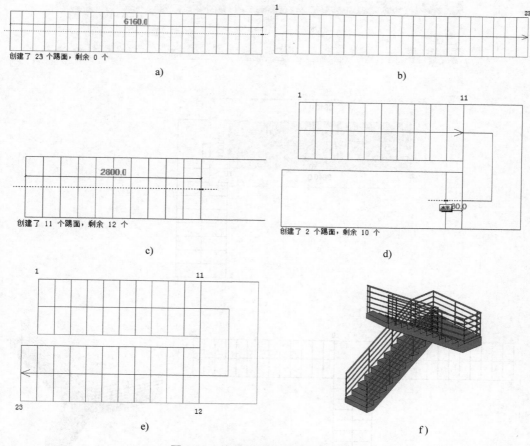

图 8-34　单跑和多跑楼梯绘制方法

a）单跑直梯绘制　b）绘制完成　c）双跑楼梯绘制（一）　d）双跑楼梯绘制（二）　e）绘制完成　f）三维视图

区绘制出两段梯段，如图 8-35a、b 所示；然后选中水平梯段利用"镜像"功能绘制出另一段水平梯段，如图 8-35c~e 所示。

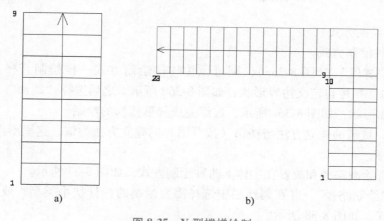

图 8-35　Y 型楼梯绘制

a）先绘制一段梯段　b）绘制剩余梯段

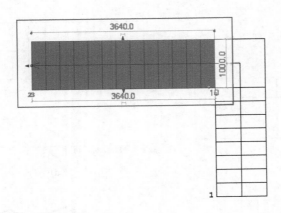

c)

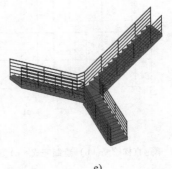

d)   e)

图 8-35　Y 型楼梯绘制（续）

c）镜像水平梯段　d）镜像完成　e）三维视图

2）按草图绘制方式。

①同 按构件绘制方式。

②若选择"梯段"（图 8-36a），则可像按构件绘制方式一样绘制直梯。若选择"边界"（图 8-36b），则可自定义边界形状，如图 8-36d 所示。之后选择"踢面"（图 8-36c）并绘制相应的踢面形状，如图 8-36e 所示，最终完成异形楼梯的绘制。

（2）坡道　坡道的建立方法与楼梯（按草图）的建立方法类似，这里不再赘述。

5. 栏杆扶手

栏杆扶手有绘制路径和放置在主体上两种绘制方式，如图 8-37 所示。

1）选择"绘制路径"，并在属性栏中选择需要绘制的栏杆扶手类型，或在编辑类型中自定义栏杆样式，如图 8-38 所示。

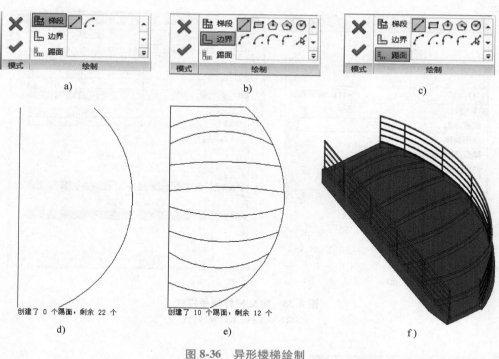

图 8-36　异形楼梯绘制

a）梯段　b）边界　c）踢面　d）边界绘制　e）踢面绘制　f）三维视图

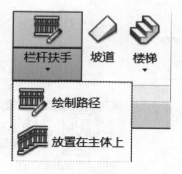

图 8-37　栏杆扶手模块

2）用绘图工具在工作面板中绘制栏杆扶手的路径并勾选完成即可绘制栏杆扶手。

6. 天花板

1）选择"天花板"，然后选择"绘制天花板"，在属性栏中定义天花板的类型以及偏移高度，如图 8-39 所示。

2）利用绘图栏的工具绘制出天花板的外轮廓（注意：外轮廓必须为封闭图形），并勾选完成即可绘制出天花板。

7. 竖井

竖井（图 8-40）主要用于剪切屋顶、楼板以及天花板等构件，如楼梯间，电梯井等需要在楼板上开洞的地方。

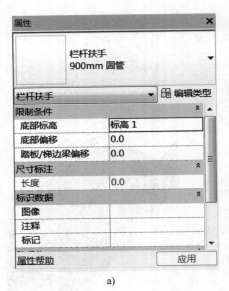
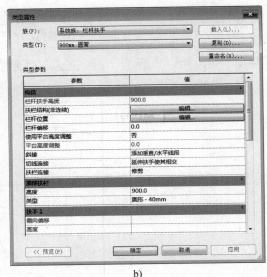

a)　　　　　　　　　　　　　b)

图 8-38　定义栏杆扶手样式

a）栏杆扶手选择　b）参数自定义

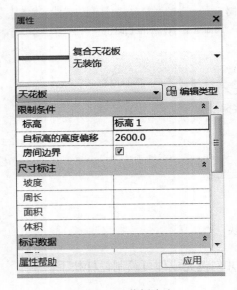

图 8-39　天花板定义

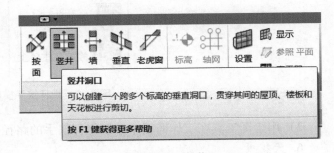

图 8-40　竖井

绘制方法："建筑"→"竖井"，然后在属性栏设置属性的上下端。设置完成后，利用绘图工具在楼板上绘制封闭的开洞区域，选择"完成编辑模式"即可完成竖井的绘制，如图 8-41 所示。

8. 构件

构件模块有两个选项："放置构件"和"内建模型"，如图 8-42 所示。

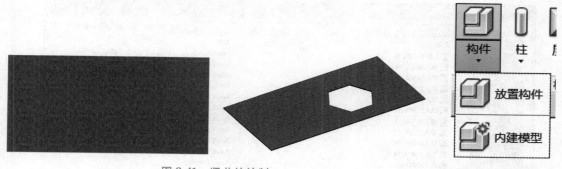

图 8-41　竖井的绘制　　　　　　　　　　　　　　　图 8-42　构件模块

（1）放置构件　选择"放置构件"后，会出现图 8-43 所示选项卡，单击"载入族"会弹出图 8-44 所示对话框，按需要选择适合的族并载入，本例选择"单人沙发 6"（图 8-45），然后在工作区域单击放置位置便可完成构件族的摆放，如图 8-46 所示。

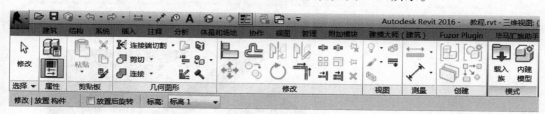

图 8-43　放置构件选项卡

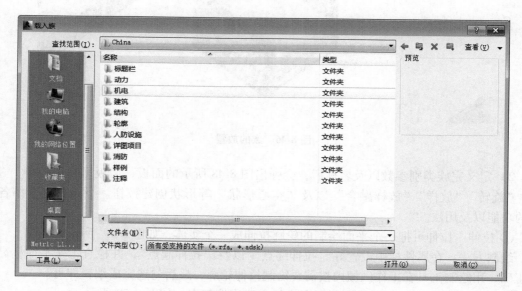

图 8-44　载入族对话框

（2）内建模型

1）选择"内建构件"，会弹出"族类别和族参数"定义窗框，选择适当的类型单击确定，会弹出"名称"定义窗口，此时输入内建模型的名称，如图 8-47 所示。

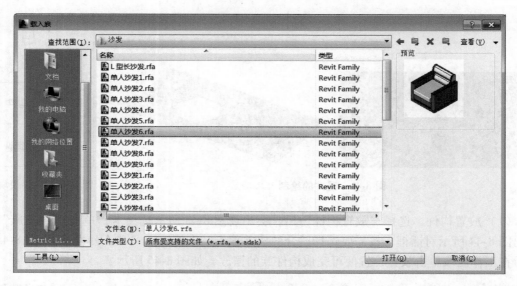

图 8-45 族的选择

图 8-46 族的放置

2）定义完族类别参数以及名称后，会弹出图 8-48 所示的面板，面板里有"拉伸""融合""旋转""放样""放样融合"以及"空心形状"等形状创建按钮。下面分别介绍各按钮的功能以及用法。

① 拉伸。拉伸可把一个平面绘制的轮廓拉伸成一个实体，如图 8-49 所示。

绘制方法：在属性栏中设置好"拉伸终点"以及"拉伸起点"，并检查工作平面标高是否正确，用绘制工具在工作区域内按需要绘制拉伸轮廓，最后勾选完成编辑即可。

② 融合。融合可以把两个图形以渐变的方式连接起来，如图 8-50 所示。

绘制方法：在属性栏设置好"第一端点"和"第二端点"（模型高度＝第二端点-第一端点），以及材质等参数，然后在绘制工具栏选取适当的工具绘制出底部融合轮廓（图8-51a）后并单击"编辑顶部"，之后再绘制出顶部融合轮廓（图 8-51b），勾选完成编辑模式即可完成融合，如图 8-51c 所示。

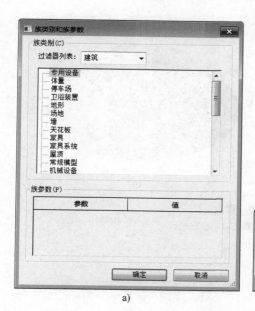

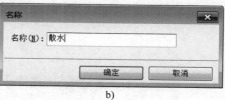

图 8-47 族参数类别以及名称定义

a) 族类别和参数定义 b) 族名称定义

图 8-48 内建模型面板

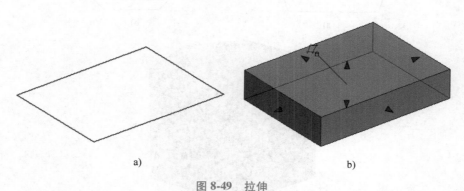

图 8-49 拉伸

a) 轮廓绘制 b) 完成拉伸

③ 旋转。旋转可以把某个轮廓按照旋转轴旋转一个预设的角度,如图 8-52 所示。

绘制方法:选择"旋转"后,在绘制工具栏中会出现"边界线"和"轴线",如图 8-53 所示,首先选择"边界线",并在工作区域内绘制出需要旋转的轮廓,然后选择"轴线"并绘制出旋转轴,最后在属性栏中定义旋转角度范围并勾选完成编辑模式即可。

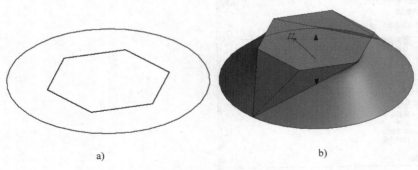

图 8-50 融合

a）上下轮廓绘制　b）完成融合

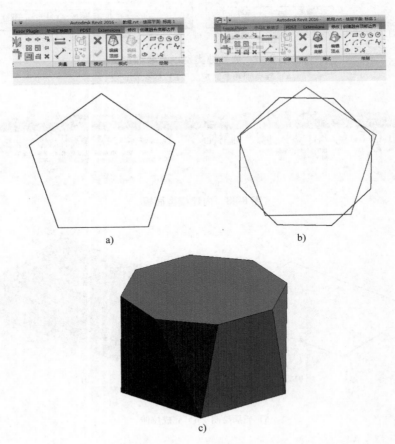

图 8-51 融合建模过程

a）底部轮廓　b）顶部轮廓　c）完成融合

④ 放样。放样可以把某个轮廓沿着一个指定路径扫略，如图 8-54 所示。

绘制方法：选择"放样"后，在工具栏中会出现图 8-55 所示的工具栏，首先选择"绘

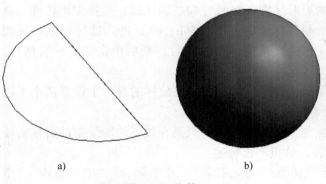

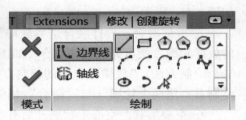

a)　　　　　　　　　　b)

图 8-52　旋转

a）轮廓及旋转轴的绘制　b）完成旋转

图 8-53　旋转绘制工具栏

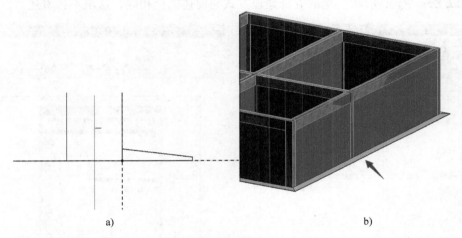

a)　　　　　　　　　　　　　　　　b)

图 8-54　放样

a）放样轮廓　b）完成放样

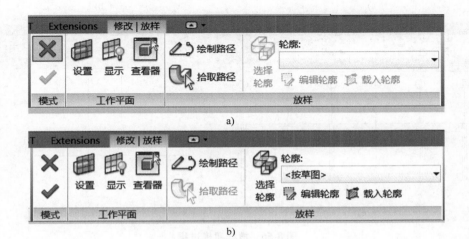

a)

b)

图 8-55　放样工具栏

a）绘制路径　b）编辑轮廓

制路径"，沿着外墙边缘绘制一个封闭的矩形（图 8-56a），勾选确认后，选择编辑轮廓，软件会提示用户转换到一个立面视图以绘制放样轮廓（图 8-56b、c），进入选择的立面视图后，使用绘图工具栏中的工具绘制相应的放样轮廓（图 8-56d），最后单击完成编辑即可，如图 8-56e 所示。

⑤ 放样融合。放样融合是"放样"和"融合"的结合，在放样的基础上设置两个不同的放样轮廓，便可完成放样融合，如图 8-57 所示。

绘制方法："放样融合"的绘制方法与"放样"相似，只是在放样轮廓绘制的时候需要绘制首、尾两个轮廓（与"融合"相似），这里不再赘述。

⑥ 空心形状。空心形状展开后有 5 个选项："空心拉伸""空心融合""空心旋转""空心放样"以及"空心放样融合"，如图 8-58 所示，其作用主要用于剪切已有的形状，如图 8-59 所示。

绘制方法："空心形状"里的五种建模方式与前述完全相同，这里不再赘述。

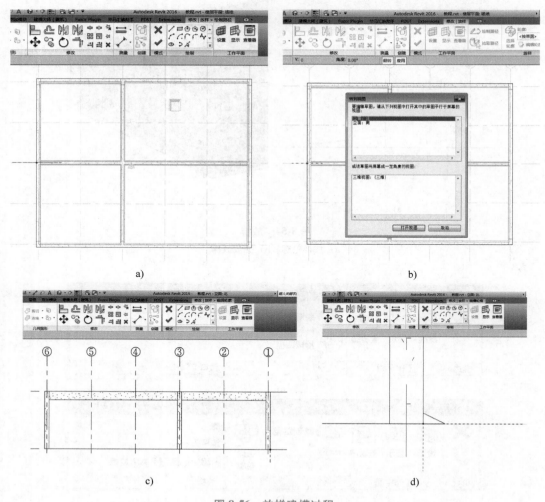

图 8-56　放样建模过程

a）绘制放样路径　b）选择立面　c）进入立面视图　d）绘制放样轮廓

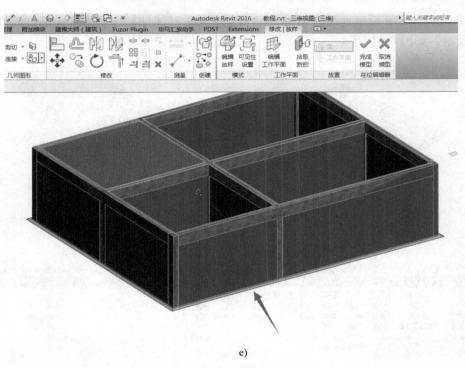

图 8-56　放样建模过程（续）

e）完成放样

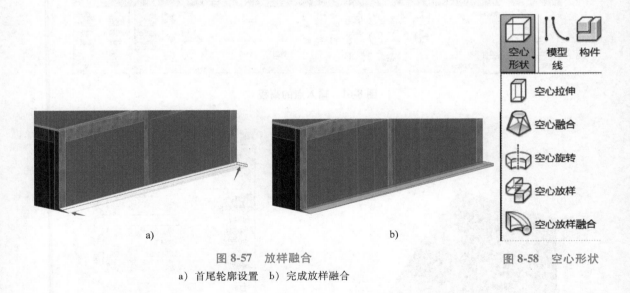

图 8-57　放样融合

a）首尾轮廓设置　b）完成放样融合

图 8-58　空心形状

8.2.4　场地的建立

1）选择"体量和场地"（图 8-60），单击"地形表面"后会出现图 8-61 所示的对话框，在高程的位置输入地形特征点的标高然后在工作区绘制出该特征点，当特征点多于 3 个后，

Revit 会自动将连线并形成地面，如图 8-62 所示。最后在属性栏中设置地面的材质即可完成地形的绘制，如图 8-63 所示。

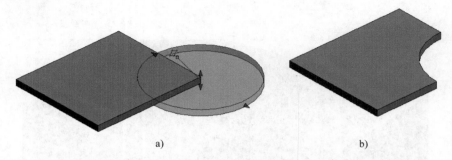

a)   b)

图 8-59　空心形状

a）建立空心拉伸　b）完成空心剪切

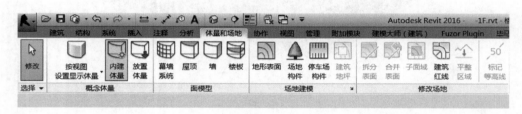

图 8-60　体量与场地选项卡

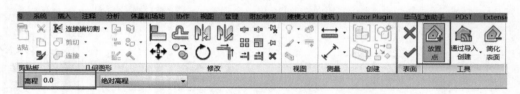

图 8-61　输入点的高程

图 8-62　地形点放置

图 8-63　地形材质赋予

2）选择"体量和场地"→"场地构件"，即可选择需要的族放置在项目中，此功能与

"放置构件"类似。

3）选择"体量和场地"→"停车场构件"，即可在场地中放置车位。

4）当地形表面创建后，"修改场地"选项卡会被激活（图8-64）。此时选择"拆分表面"，便可将已绘制的地形表面分成子块，这样可以方便对子块材质的赋予。

图8-64　修改场地选项卡

5）选择"子面域"，可在地形表面上创建一个新的地形。

6）选择"建筑地坪"，可在已建的地形表面上开孔，此功能与"竖井"类似。

8.2.5　相机与渲染

1. 相机

首先，选择一个合适视图，本例选择标高1，选择"视图"→"三维视图"→"相机"（图8-65）。在平面图中选择合适的相机角度，如图8-66所示。角度选取后，视图会跳转到刚才相机所捕捉的三维视图中，调整相机的视角到合适的位置，如图8-67所示。

图8-65　三维视图模块

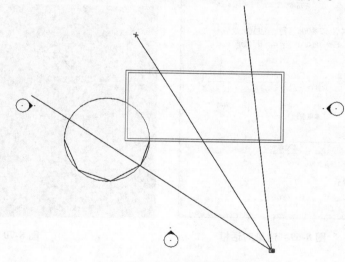

图8-66　相机角度选取

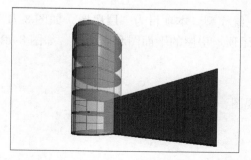

图8-67　三维视图的生成

2. 渲染

进入需要渲染的三维视图，选择"视图"→"渲染"（图8-68）后，会弹出图8-69所示的对话框，根据需要设置好各项参数后（本例保持默认参数），单击渲染，等待渲染完成便可得到效果图，如图8-70所示。

当模型较为复杂，计算机性能又不高时，Cloud渲染是一个很好的选择。其工作原理是将项目资料上传至Autodesk云端服务器渲染，然后直接下载渲染后的效果图即可。

图 8-68　渲染模块

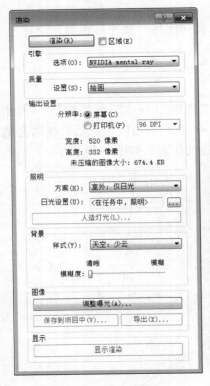

图 8-69　渲染对话框

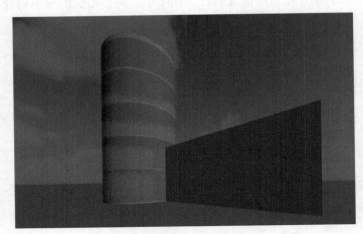

图 8-70　渲染效果图

8.2.6　工程应用

使用Revit软件创建某一层房屋的三维模型。本项目为一层房屋，如图8-71所示，坐北朝南，修建在平坦的场地上，屋顶为平屋顶。房屋的平面图和立面图，如图8-72所示。

建模过程如下：

1）创建工作环境。★

2）绘制标高，并创建相应的楼层视图，如图8-73所示。★

3）绘制轴网，如图8-74所示。★

4）绘制墙体，如图8-75所示。★

5）绘制柱子，如图8-76所示。★

图 8-71 某一层房屋渲染图

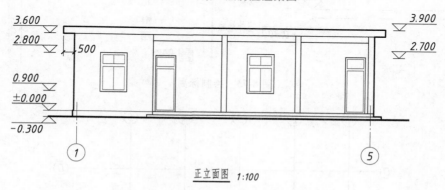

正立面图 1:100

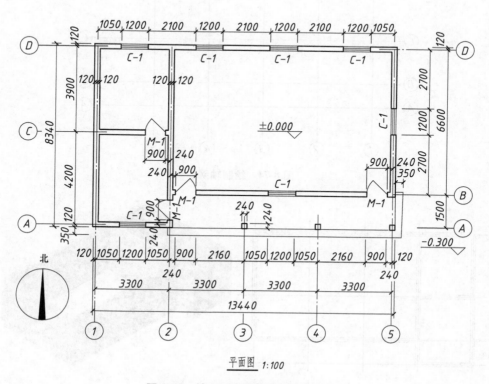

平面图 1:100

图 8-72 某一层房屋平面图和立面图

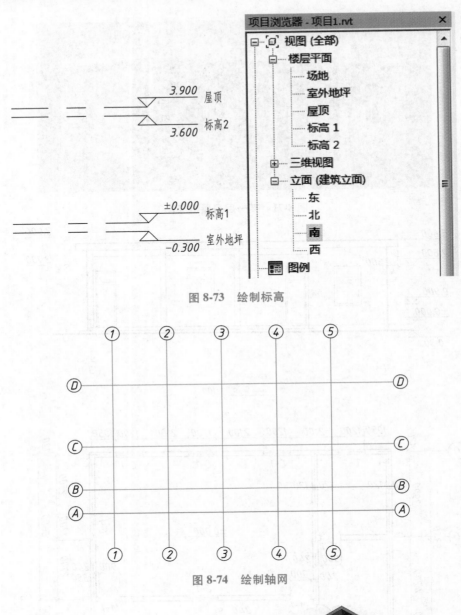

图 8-73　绘制标高

图 8-74　绘制轴网

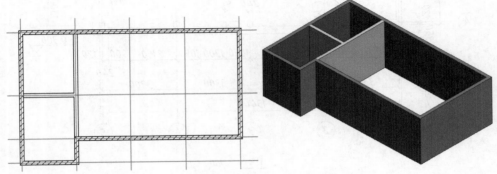

图 8-75　绘制墙体

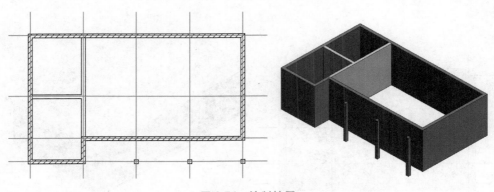

图 8-76　绘制柱子

6）绘制门窗，如图 8-77 所示。★

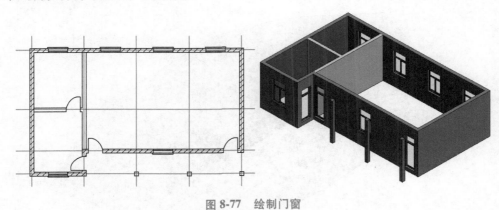

图 8-77　绘制门窗

7）绘制楼板及室外台阶，如图 8-78 所示。★

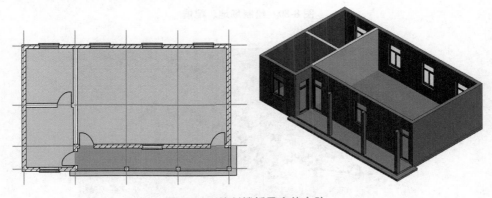

图 8-78　绘制楼板及室外台阶

8）绘制屋顶，如图 8-79 所示。★

9）绘制场地、配景，如图 8-80 所示。★

10）渲染出图，如图 8-81 所示。★

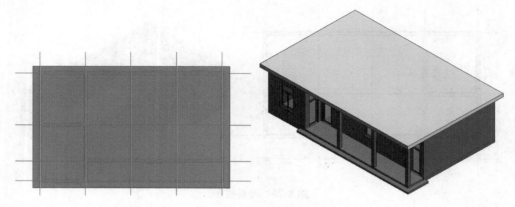

图 8-79　绘制屋顶

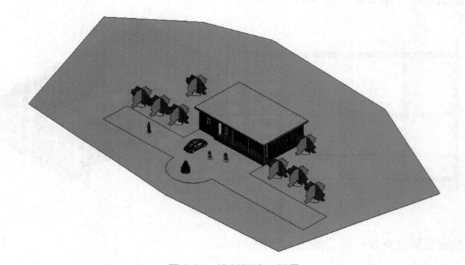

图 8-80　绘制场地、配景

图 8-81　渲染出图

思　考　题

1. 什么是 BIM 技术？分别解释各字母的含义。
2. BIM 的主要特点有哪些？
3. 简述使用 Revit 软件建模的一般过程。

课 后 作 业

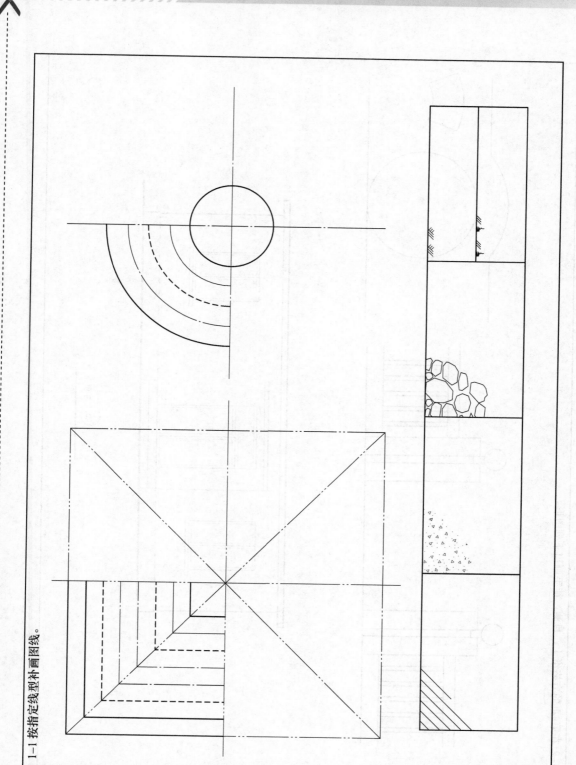

1-1 按指定线型补画图线。

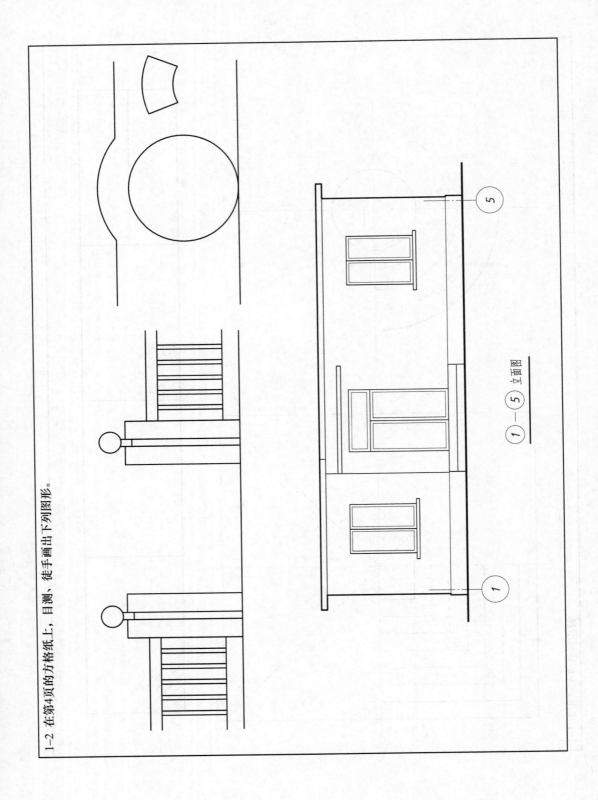

1-2 在第4页的方格纸上，目测、徒手画出下列图形。

1—5 立面图

1-3 在横放的 A3 幅面的图纸上按照下页图中规定的尺寸绘制图线练习作业，完成的图上左侧的图线练习不注尺寸，右侧的基础详图要标注尺寸，绘制基础详图时要注意以下事项：本作业的图名为"图线练习"。
(1) 先要定出各个图形和各组图线的位置，并用 3H 铅笔轻而细地画出底图，待全图图底完成并经校对确认无误后，方可描黑加粗。
(2) 标题栏内按格式绘制，标题栏内的字体应按规定大小书写。

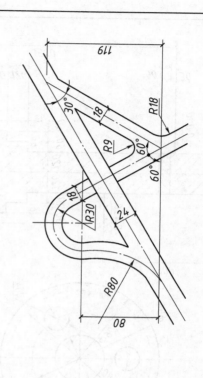

1-4 在竖放的 A4 幅面的图纸上用适当的比例绘制下面所示的两个图形，并标注尺寸。本作业的图名为"几何作图"，标题栏的使用同前。

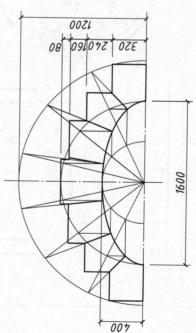

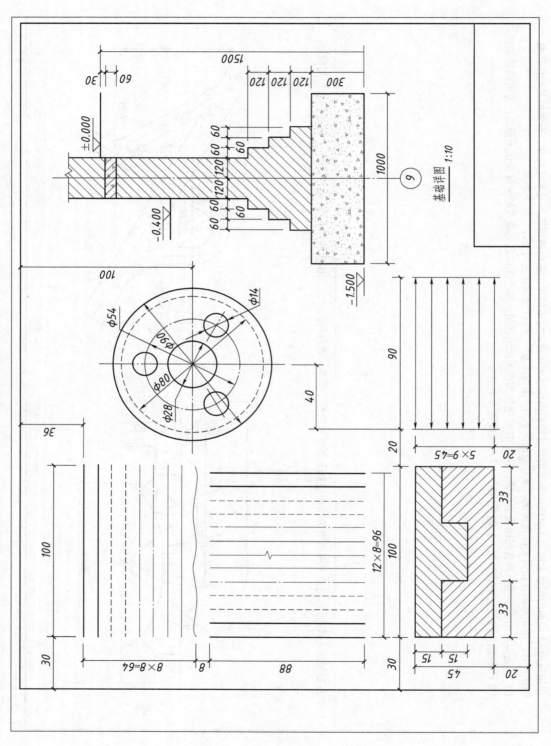

基础详图 1:10

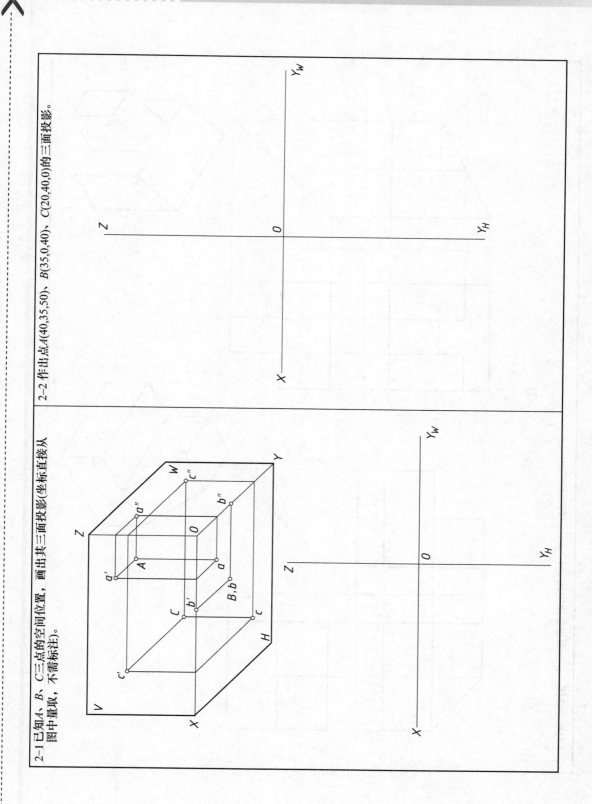

2-1 已知 A、B、C 三点的空间位置，画出其三面投影。坐标直接从图中量取，不需标注。

2-2 作出点 A(40,35,50)、B(35,0,40)、C(20,40,0)的三面投影。

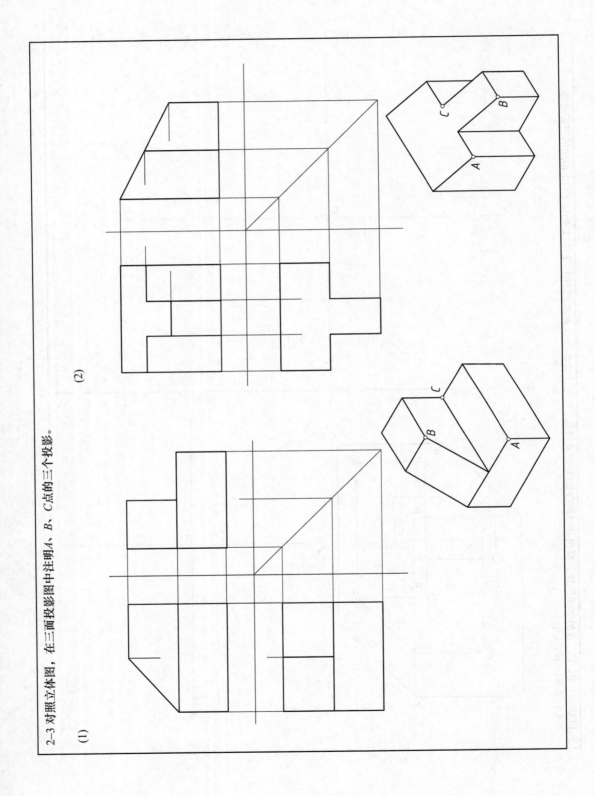

2-3 对照立体图，在三面投影图中注明 A、B、C 点的三个投影。

(1)

(2)

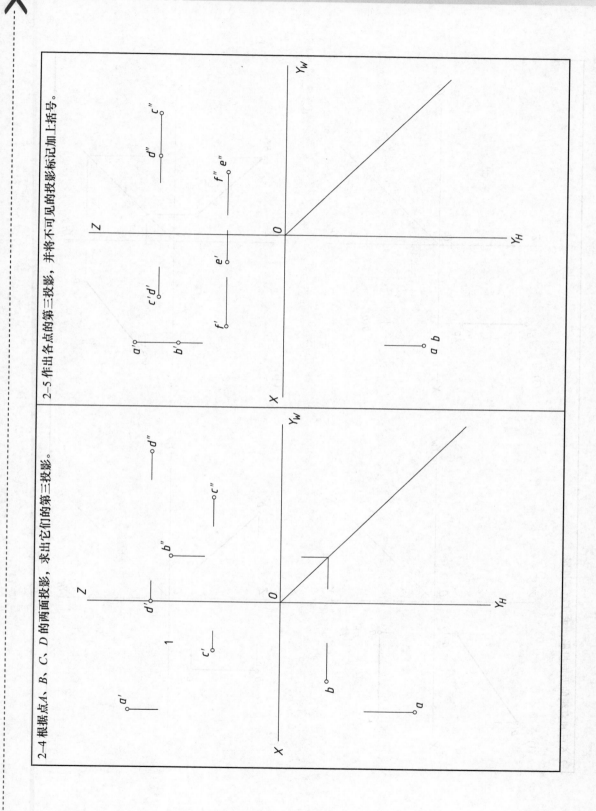

2-5 作出各点的第三投影，并将不可见的投影标记加上括号。

2-4 根据点 A、B、C、D 的两面投影，求出它们的第三投影。

2-6 已知直线的两面投影，求其第三投影。

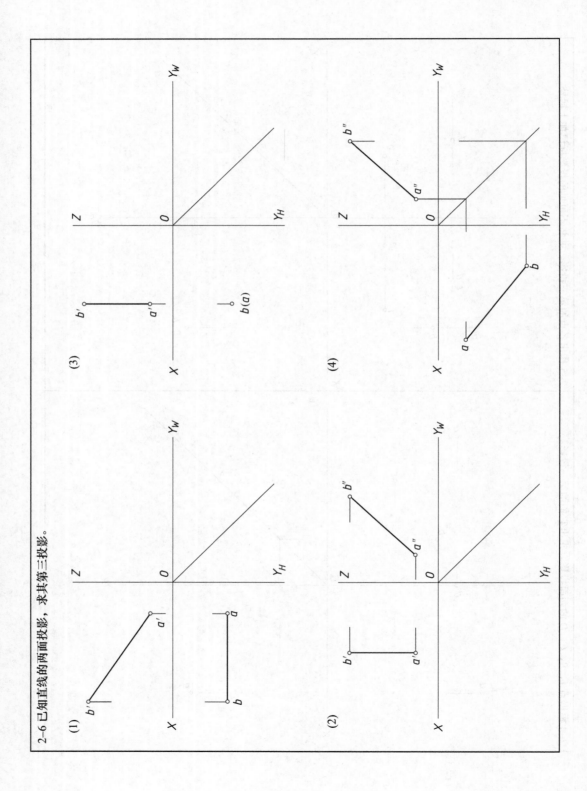

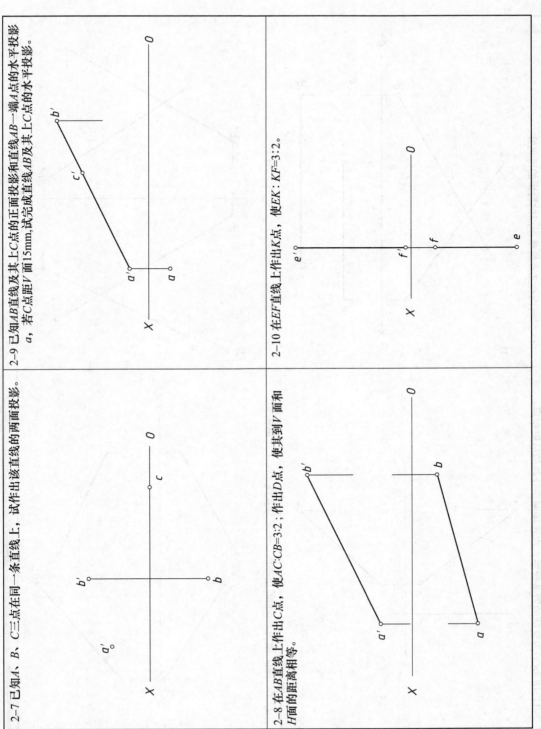

2-9 已知AB直线上点C点的正面投影和直线AB一端A点的水平投影，若C点距V面15mm，试完成直线AB及其上C点的水平投影。

2-10 在EF直线上作出K点，使EK：KF=3:2。

2-7 已知A、B、C三点在同一条直线上，试作出该直线的两面投影。

2-8 在AB直线上作出C点，使AC:CB=3:2；作出D点，使其到V面和H面的距离相等。

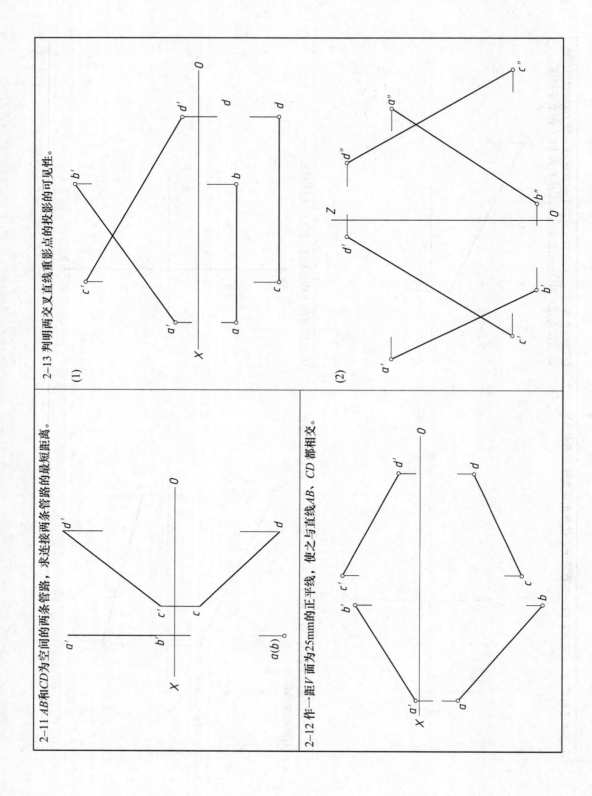

2-13 判明两交叉直线重影点的投影的可见性。

(1)

(2)

2-11 AB和CD为空间的两条管路，求连接两条管路的最短距离。

2-12 作一距V面为25mm的正平线，使之与直线AB、CD都相交。

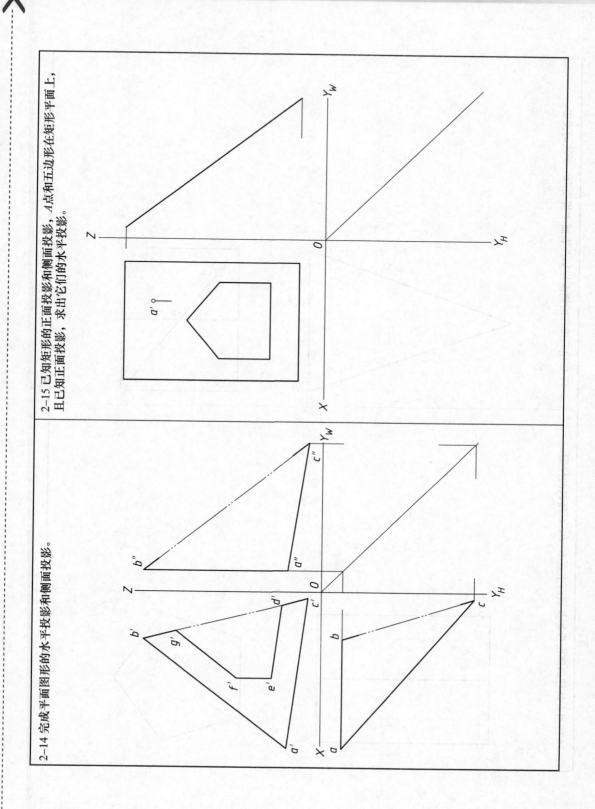

2-15 已知矩形的正面投影和侧面投影，A 点和五边形在矩形平面上，且已知正面投影，求出它们的水平投影。

2-14 完成平面图形的水平投影和侧面投影。

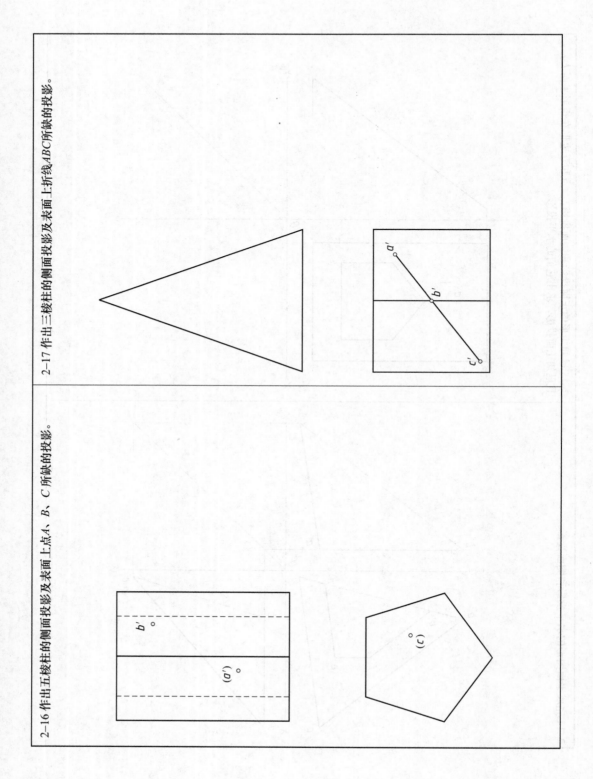

2-17 作出三棱柱的侧面投影及表面上折线ABC所缺的投影。

2-16 作出正棱柱的侧面投影及表面上点A、B、C所缺的投影。

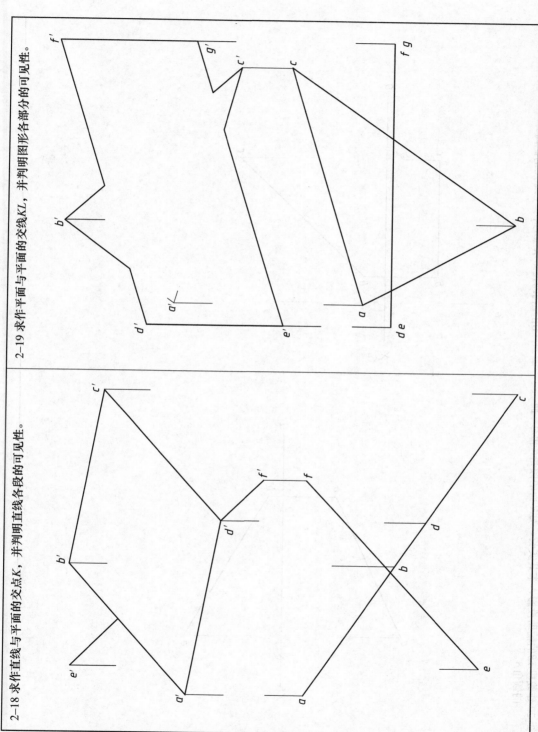

2-19 求作平面与平面的交线KL，并判明图形各部分的可见性。

2-18 求作直线与平面的交点K，并判明直线各段的可见性。

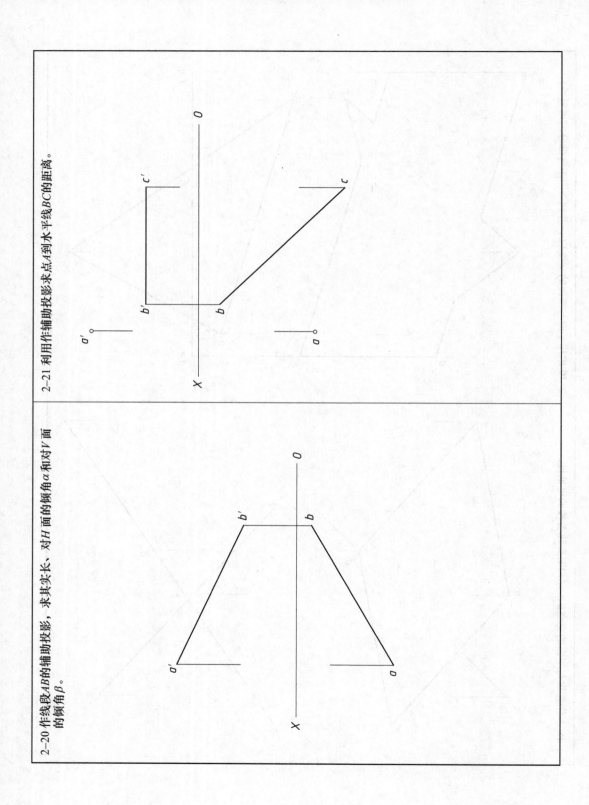

2–21 利用作辅助投影求点A到水平线BC的距离。

2–20 作线段AB的辅助投影，求其实长、对H面的倾角α和对V面的倾角β。

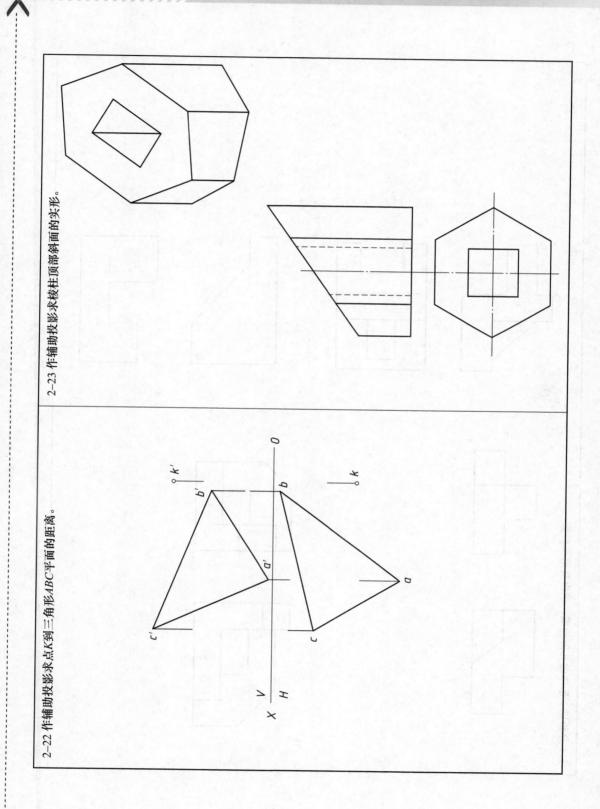

2-23 作辅助投影求棱柱顶部斜面的实形。

2-22 作辅助投影求点K到三角形ABC平面的距离。

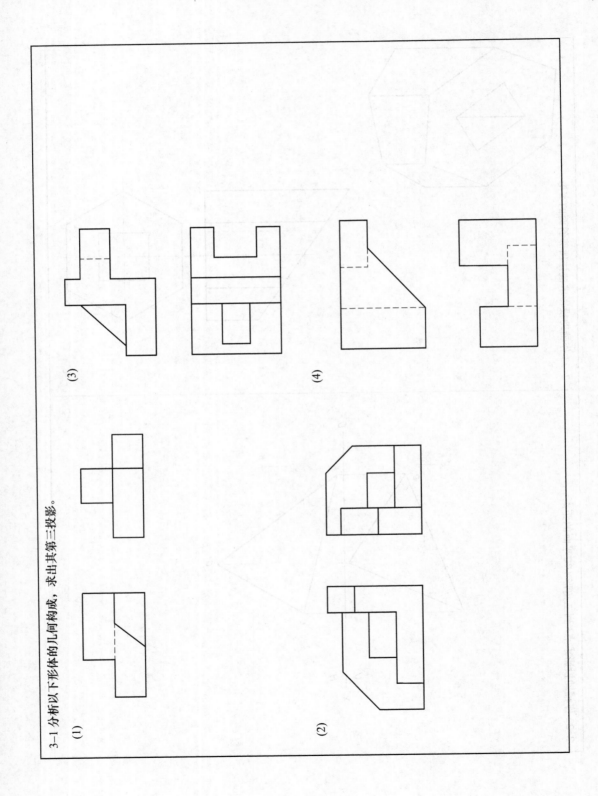

3-1 分析以下形体的几何构成，求出其第三投影。

(1)

(2)

(3)

(4)

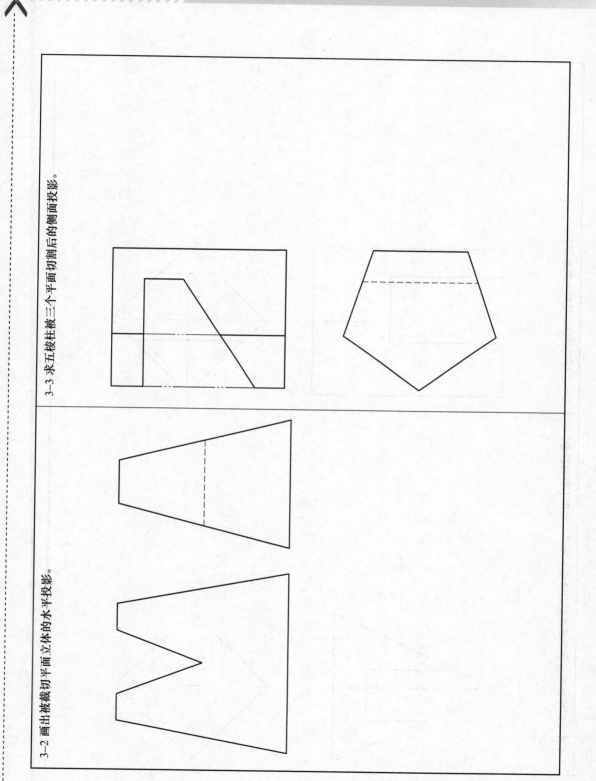

3-3 求五棱柱被三个平面切割后的侧面投影。

3-2 画出被截切平面立体的水平投影。

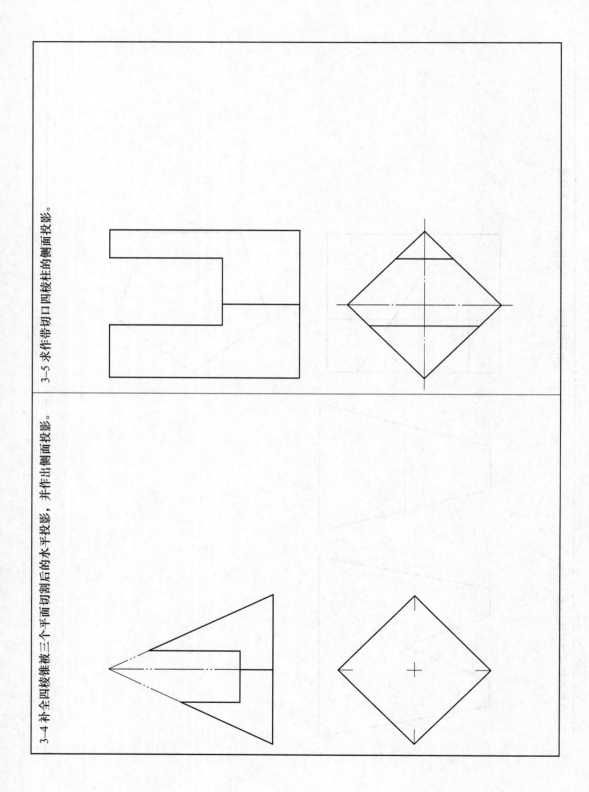

3-5 求作带切口四棱柱的侧面投影。

3-4 补全四棱锥被三个平面切割后的水平投影，并作出侧面投影。

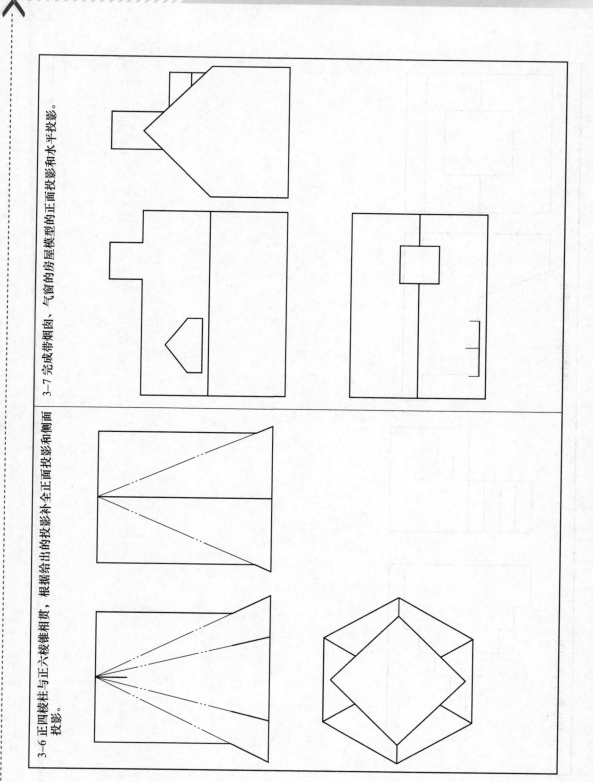

3-7 完成带烟囱、气窗的房屋模型的正面投影和水平投影。

3-6 正四棱柱与正六棱锥相贯，根据给出的投影补全正面投影和侧面投影。

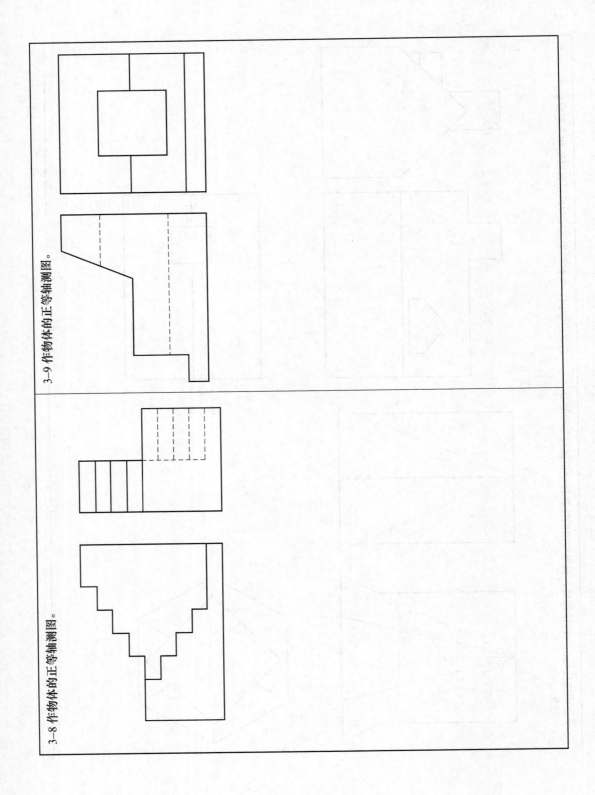

3-9 作物体的正等轴测图。

3-8 作物体的正等轴测图。

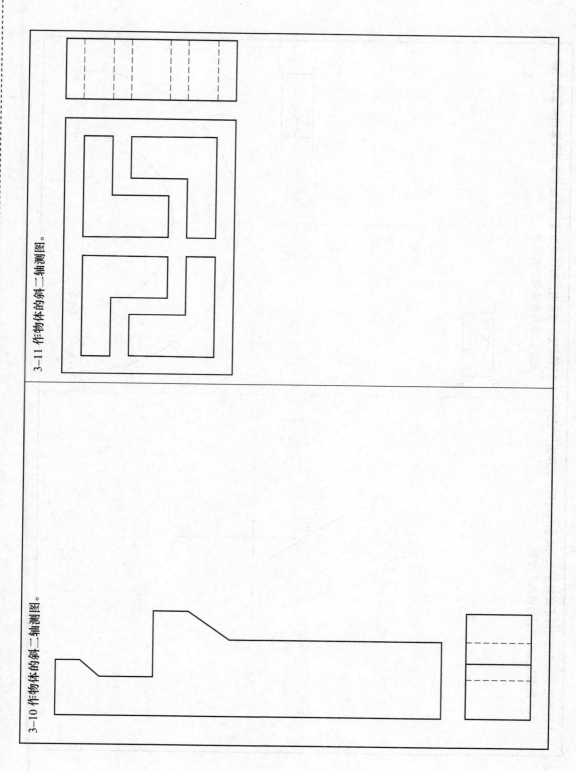

3-11 作物体的斜二轴测图。

3-10 作物体的斜二轴测图。

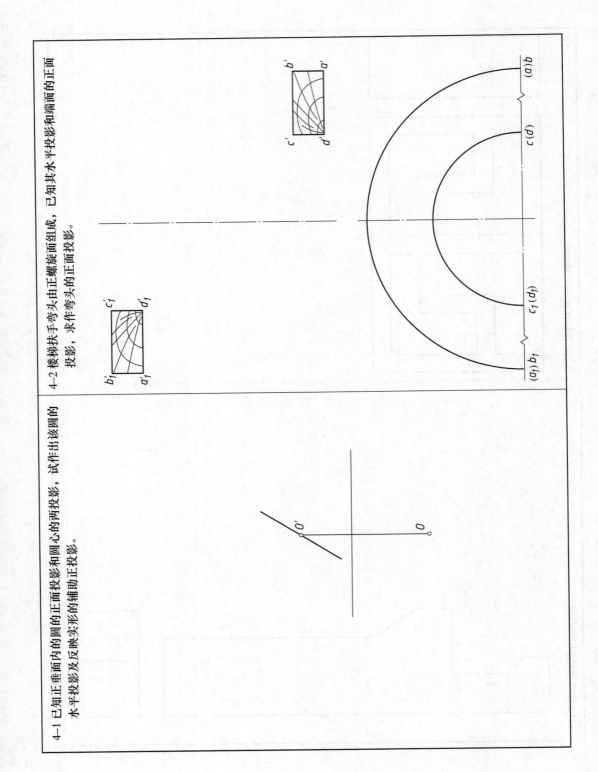

4-1 已知正垂面内的圆的正面投影和圆心的两投影，试作出该圆的水平投影及反映实形的辅助正投影。

4-2 楼梯扶手弯头由正螺旋面组成，已知其水平投影和端面的正面投影，求作弯头的正面投影。

4-3 已知圆柱表面上点的一个投影，求作点的其余两投影，并分析可见性。

4-4 已知圆台表面上点的一个投影，求作点的其余两投影，并分析可见性。

4-5 已知球表面上点的一个投影，求作点的其余两投影，并分析可见性。

4-6 已知圆锥表面上AB线的一个投影，求作其另一投影。

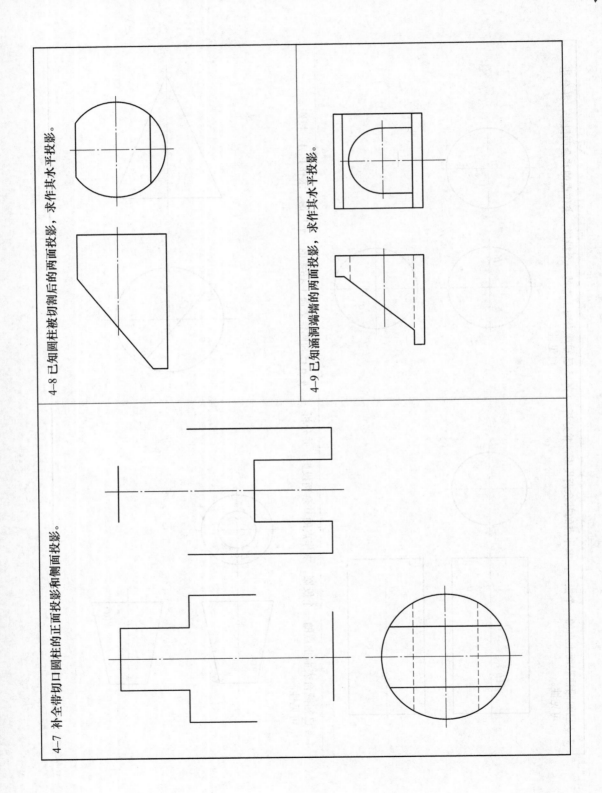

4—8 已知圆柱被切割后的两面投影，求作其水平投影。

4—9 已知涵洞端墙的两面投影，求作其水平投影。

4—7 补全带切口圆柱的正面投影和侧面投影。

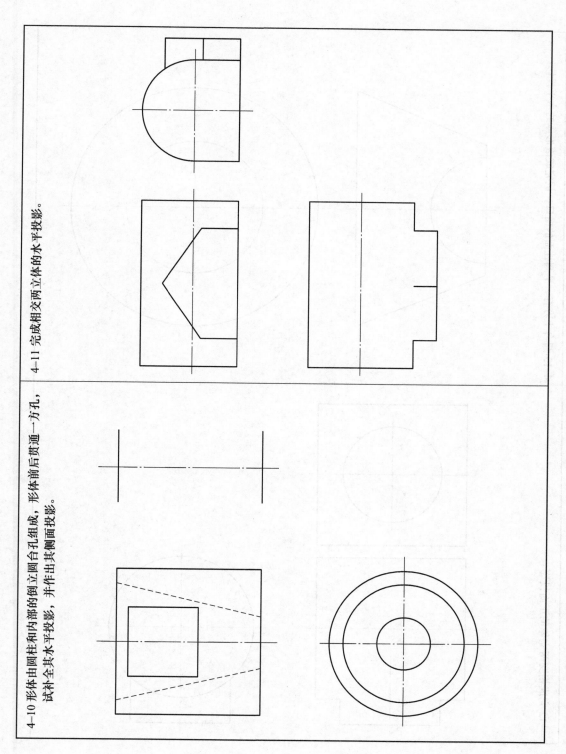

4-10 形体由圆柱和内部的倒立圆台孔组成，形体前后贯通一方孔，试补全其水平投影，并作出其侧面投影。

4-11 完成相交两立体的水平投影。

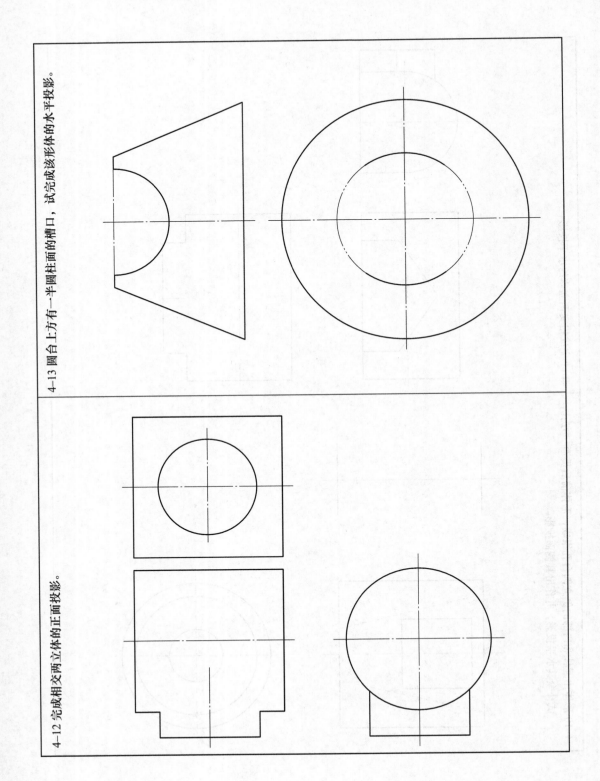

4-13 圆台上方有一半圆柱面的槽口，试完成该形体的水平投影。

4-12 完成相交两立体的正面投影。

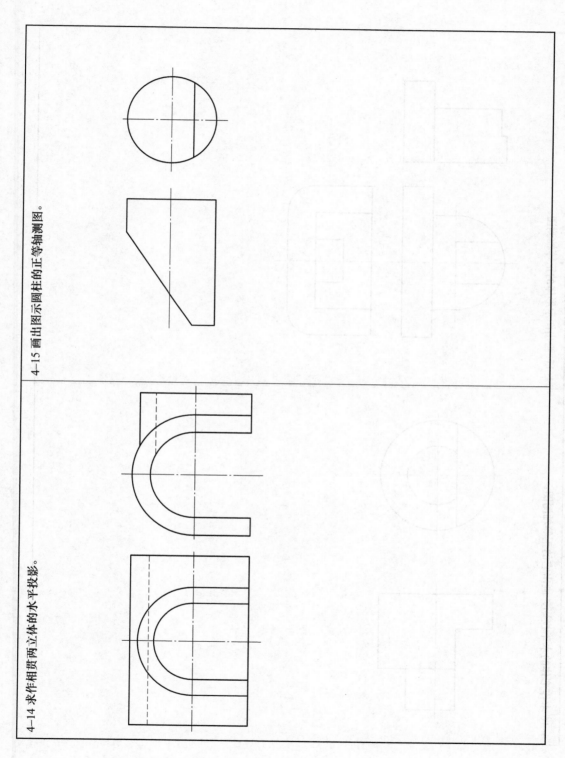

4-14 求作相贯两立体的水平投影。

4-15 画出图示圆柱的正等轴测图。

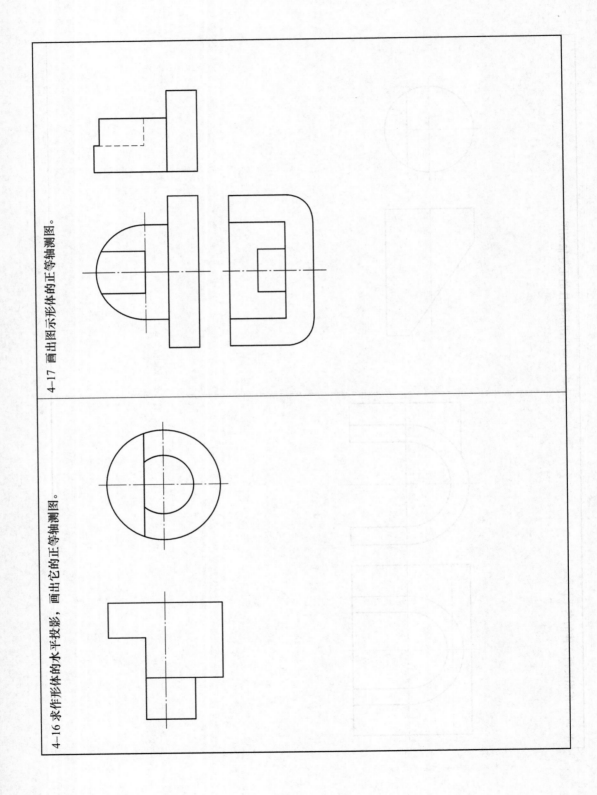

4-17 画出图示形体的正等轴测图。

4-16 求作形体的水平投影，画出它的正等轴测图。

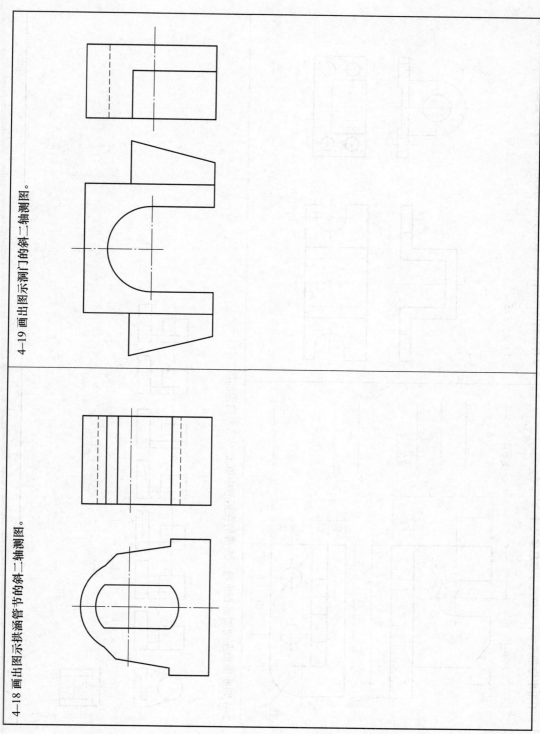

4-19 画出图示洞门的斜二轴测图。

4-18 画出图示拱涵管节的斜二轴测图。

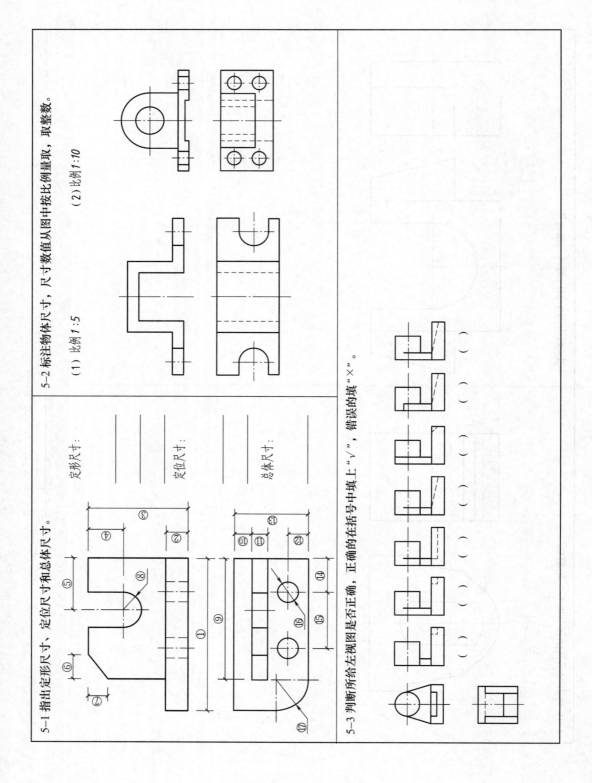

5-1 指出定形尺寸、定位尺寸和总体尺寸。

定形尺寸：

定位尺寸：

总体尺寸：

5-2 标注物体尺寸，尺寸数值从图中按比例量取，取整数。

（1）比例1:5　　　（2）比例1:10

5-3 判断所给左视图是否正确，正确的在括号中填上"√"，错误的填"×"。

（　）（　）（　）（　）（　）（　）

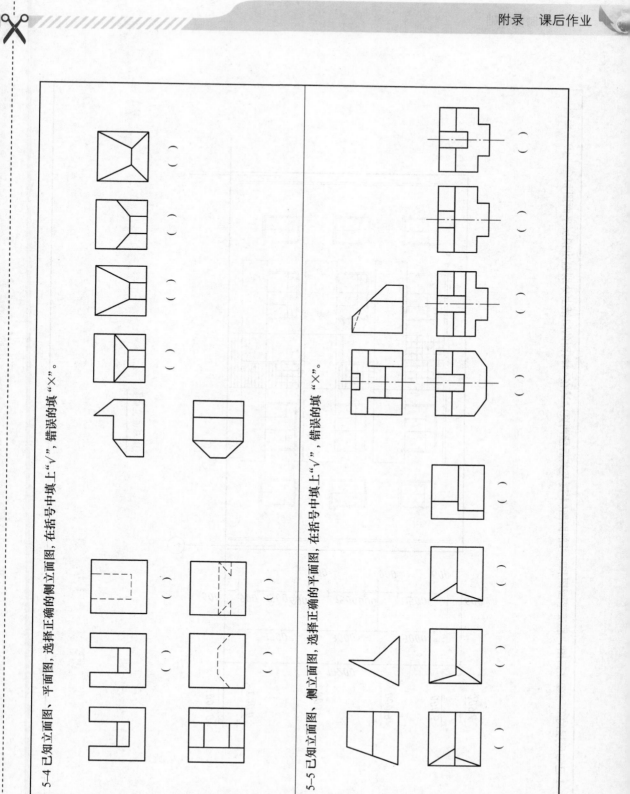

5-4 已知立面图、平面图，选择正确的侧立面图，在括号中填上"√"，错误的填"×"。

5-5 已知立面图、侧立面图，选择正确的平面图，在括号中填上"√"，错误的填"×"。

6-1 已知房屋的①—⑥立面图、底层平面图和1—1剖面图(本页及其后续两页)，试在A4幅面的图纸上分别画出顶层平面图和⑥—①立面图。

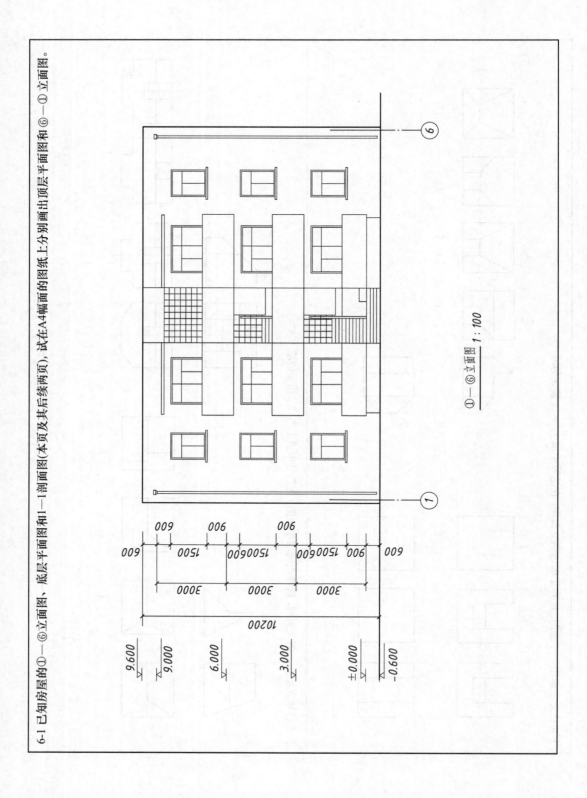

①—⑥立面图 1:100

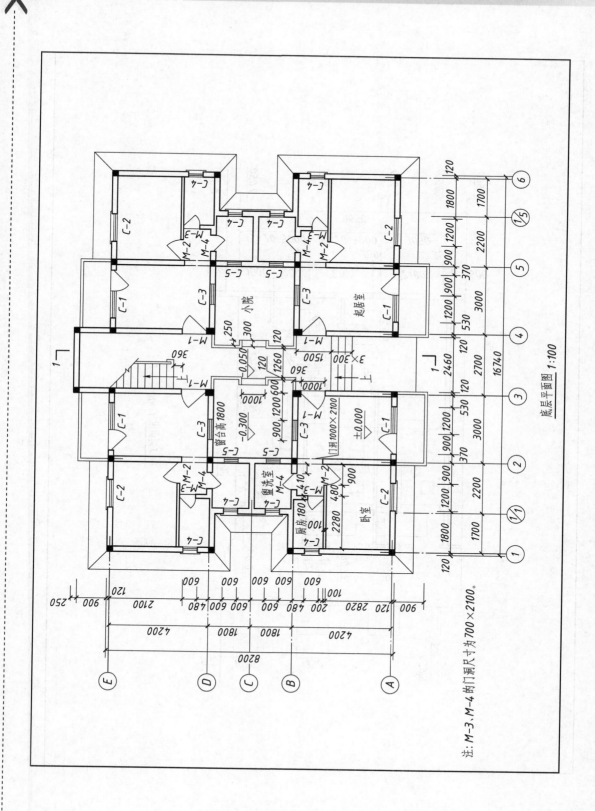

底层平面图 1:100

注: M-3、M-4 的门洞尺寸为700×2100。

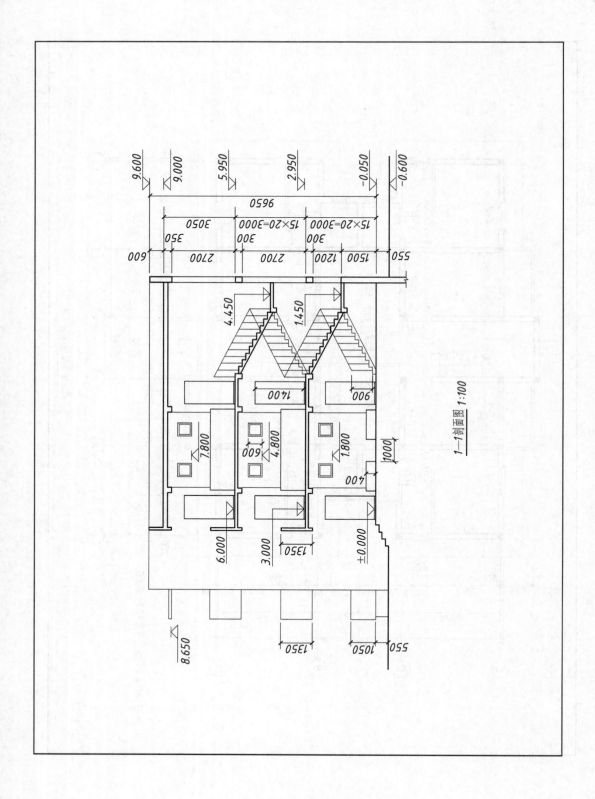

1—1剖面图 1:100

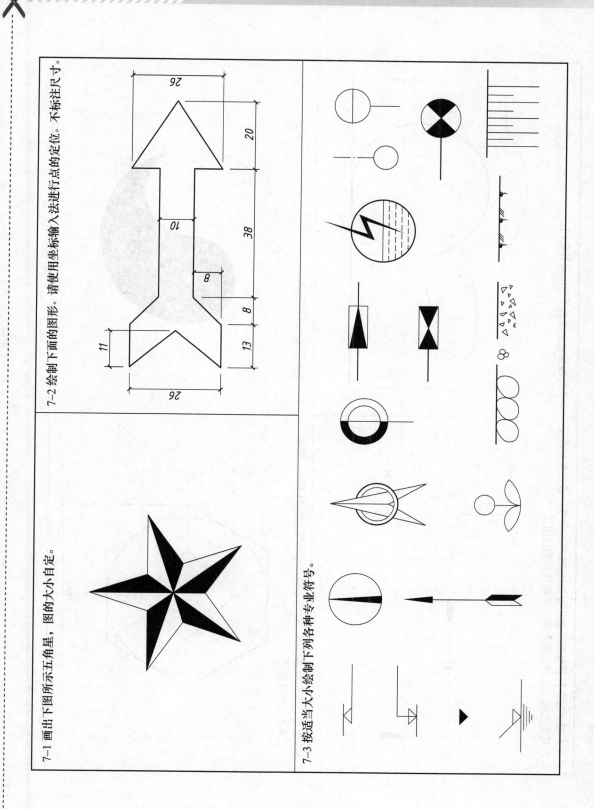

7-2 绘制下面的图形。请使用坐标输入法进行点的定位。不标注尺寸。

7-1 画出下图所示五角星，图的大小自定。

7-3 按适当大小绘制下列各种专业符号。

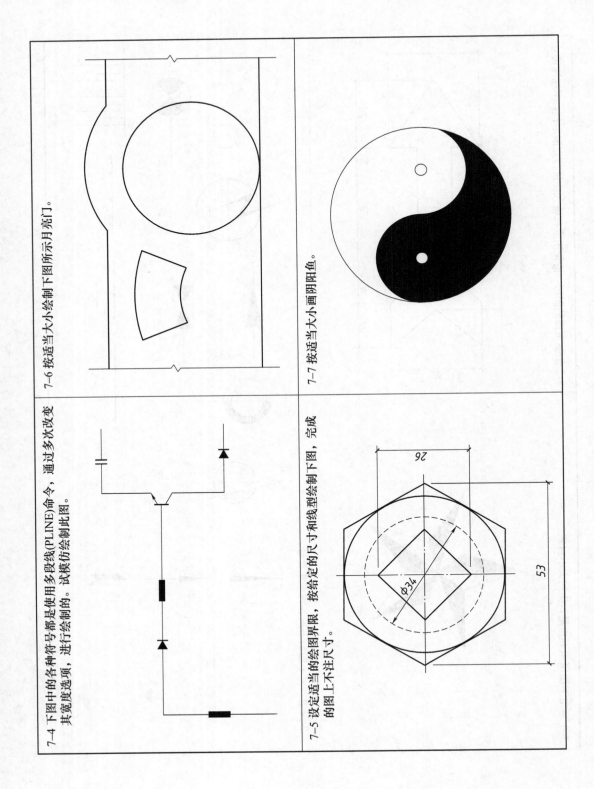

7-4 下图中的各种符号都是使用多段线(PLINE)命令，通过多次改变其宽度选项，进行绘制的。试模仿绘制此图。

7-5 设定适当的绘图界限，按给定的尺寸和线型绘制下图，完成的图上不注尺寸。

7-6 按适当大小绘制下图所示月亮门。

7-7 按适当大小画阴阳鱼。

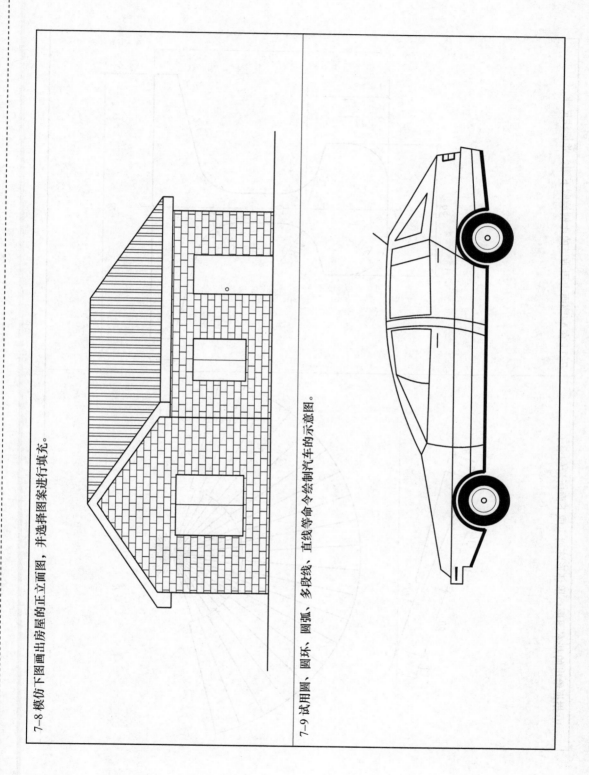

7-8 模仿下图画出房屋的正立面图，并选择图案进行填充。

7-9 试用圆、圆环、圆弧、多段线、直线等命令绘制汽车的示意图。

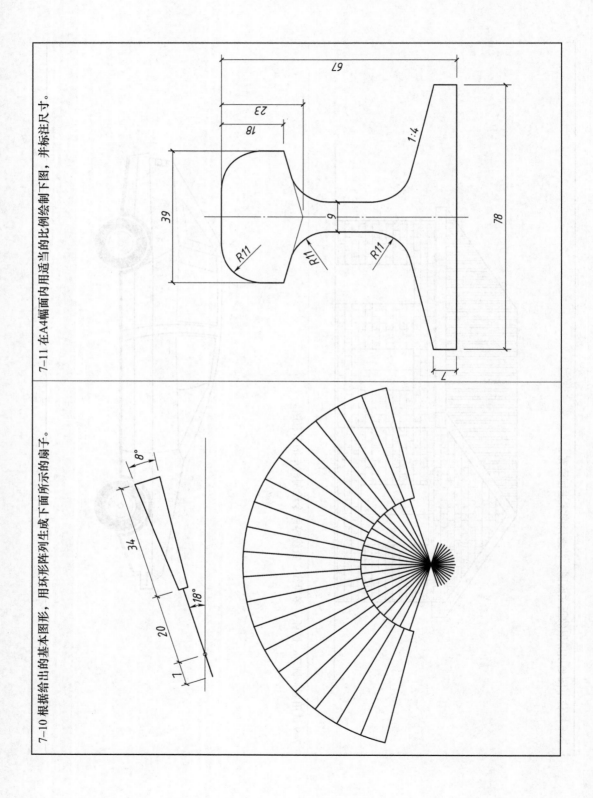

7-11 在A4幅面内用适当的比例绘制下图，并标注尺寸。

7-10 根据给出的基本图形，用环形阵列生成下面所示的扇子。

7-12 在A4幅面的图纸上用适当的比例抄绘房屋的平、立面图，并标注尺寸。门窗等细部尺寸自定。

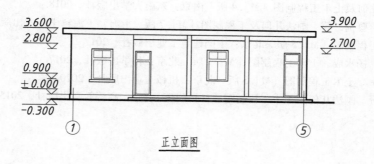

正立面图

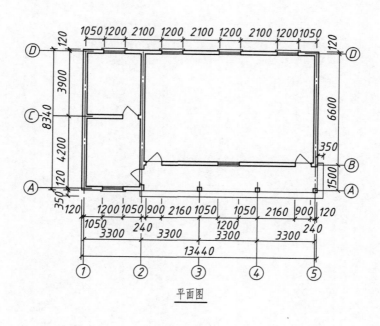

平面图

参 考 文 献

[1] 同济大学建筑制图教研室. 画法几何 [M]. 5版. 上海：同济大学出版社，2012.

[2] 唐人卫. 画法几何及土木工程制图 [M]. 4版. 南京：东南大学出版社，2018.

[3] 朱辉，单鸿波，曹桄，等. 画法几何及工程制图 [M]. 7版. 上海：上海科学技术出版社，2013.

[4] 卢传贤. 土木工程制图 [M]. 5版. 北京：中国建筑工业出版社，2017.

[5] 杨谆，雷光明，杨水成. 土木工程制图 [M]. 2版. 北京：科学出版社，2017.

[6] 杜廷娜，蔡建平. 土木工程制图 [M]. 3版. 北京：机械工业出版社，2020.

[7] 朱育万，卢传贤. 画法几何及土木工程制图 [M]. 5版. 北京：高等教育出版社，2015.